一般化学実験

2024

東京電機大学 理工学部 化学実験室 編

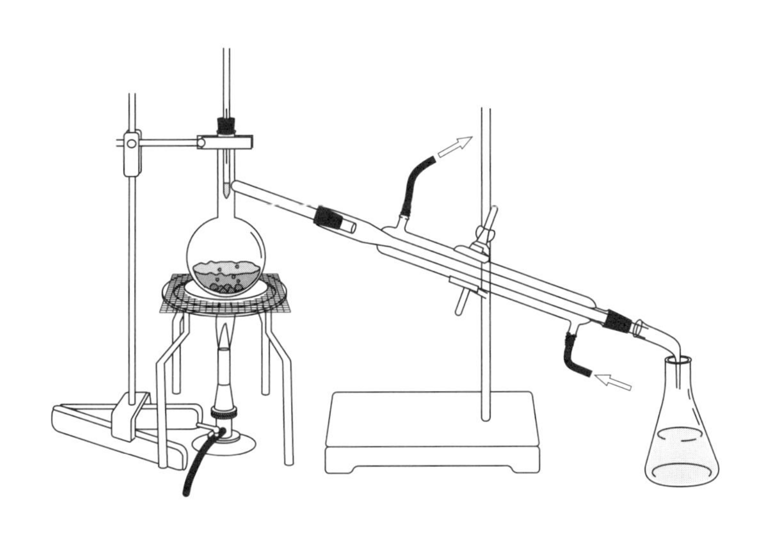

はじめに

本書は，将来化学を専攻しない理工系学生のための，基礎化学実験の指導書として編纂したものである。その内容は大きく分けて無機化学実験，有機化学実験，分析化学実験および物理化学実験から構成されている。各実験テーマの内容は，理工系学生の基礎専門科目としての実験であるため，基本的なレベルの実験を選んでいる。各実験についてはその周辺の理論的背景について，あらかじめ実験講義を通じて指導するが，本書以外に実験のためのサブ・テキスト及び参考書を併用することをお薦めする。

化学実験は元来理論を実証するための実験ではなく，実験によって新しい事実を発見し，そこに新しい理論を組み立てるための手段になることが多い。しかしながら，すべての実験は実験を行う限り，そこに理論的うらづけが要求されることは当然なことであり，その背景となる基礎的知識が実験の成否を決定するとも言える。その意味からも，限られた時間内の実験ではあるが，実験を行う前にあらかじめ各自が基礎化学程度の知識は身につけて置くことが望まれる。

化学実験は，物質の性質，物質の化学変化等を観察することにより，化学的知識を体験し，より確実なものにすると同時に，複雑な自然現象の根底にある自然の法則を理解し，それを応用するという科学的態度を養成することを目的としている。そのために，化学を専攻しない学生にも基礎専門科目として化学実験を履修することが望ましい。

目　　次

はじめに

I　実験の基礎知識

1　化学実験をはじめる前に……1

2　天秤について……4

3　測容器の使い方……7

4　試薬の取り扱い……10

5　実験器具の洗浄の仕方……11

6　化学実験に用いる一般的器具……12

II　実　　験

1　練習実験……15

2　中和滴定……18

参考　実験レポートの作成要領と例……24

3　アセトアニリドの合成……27

4　酢酸エチルの合成……31

5　融点測定と蒸留……37

6　ペーパークロマトグラフィーによる無機イオン定性分析……42

7　銅の比色定量分析……46

8　陽イオン定性分析……54

III　実験結果の統計処理と表・グラフの表し方

1　実験データの統計処理……61

2　表・グラフの表し方……67

IV　化学実験の安全知識　69

元素周期表　70

即日課題

I　実験の基礎知識

1　化学実験をはじめる前に

化学実験は危険な薬品，引火，爆発，火傷等大きな事故に結びつくことがあるので，常に危険を意識して，かつ指導者の注意をよく聴いて実験するように心がけること。

(1) 実験前の準備

a　実験書はあらかじめよく読んで，実験の意味を把握しておくこと。

b　実験前夜は夜更しをせず，睡眠をよくとってコンディションを整えておく。昼食もきちんととっておくこと。

c　実験に際しては必ず白衣をつけ，ボタンはきちんとはめ，そではきちんと結んでおく。汚れた白衣はこまめに洗濯しておくこと。タオルも各自用意すること。暑いからといって白衣のそでをまくったりして肌を露出させない。動きやすい服装にすること。サンダルはだめ。

d　実験中は常時，目を保護するために保護めがねを着用すること。

e　できる限り余計な荷物を実験室内に持込まない。実験台の上も整理して，途中でガラス器具を壊したり，試薬をこぼしたりしないように気をつけること。

(2) 実験中の安全指針

a　実験の各段階で，操作の目的を絶えず頭に入れて実験を進めること。

b　実験中は常にそばにいて実験経過，反応経過をよく観察する。並行して2つ以上の実験をすることは好ましくない。

c　装置，器具の組立ては注意深く行い，途中で壊れて事故につながらないようにすること。

d　回りでどのような実験をしているか，注意しながら実験を進める。例えば，近くで引火性物質を扱っているのにバーナーに火をつけたり，有毒ガスを他人の方に向けたりしないこと。

e　１人で実験は行わないこと。事故を起こしたとき，面倒をみてくれたり，片付けをしてくれるのは，ほとんどの場合，まわりの人である。本人は気が動転していて，どうしていいかわからなくなるものである。

f　気分が悪くなったら必ず連絡すること。

(3) 実験後の注意

a　化学実験は観察が大切である。各自必ず実験ノートを作成して，実験中に気がついたことはこまめに詳しく記入しておく。実験ノートを作成しておかないと必ずといっていいほど忘れてしまい，記憶がたどれなくなり，レポート作成の際，苦労することになる。

b　固形物は危険性，後で行う処理のしやすさを考えて，可燃物と不燃物に分類する。不燃物は金属・ガラス類，プラスチック類に分類し，それぞれ間違えないようにごみ捨てに捨てること。

c　実験台の上はきれいに片付け，雑巾で掃いておき，次に使用する人が気持よいようにしておくこと。

d　使用した実験器具もあとで使う人のことを考えて，ガラス器具は洗剤，水道水，脱イオン水または蒸留水の順で洗い，他の器具も破損したものは補充しておくこと。

e　水道，ガスの元栓を点検すること。

(4) レポートの作成

a　実験は“行う”ことに意義があるのだが，その結果をまとめることによって，初めて実験の意味が把握されるものである。レポートの作成には実験と同じ位の比重をおくようにすること。

b　レポートは人に読まれるということを念頭において，読みやすく，実験書の丸写しでなく自分の言葉で書くこと。参考書等を調べる習慣を身につけること。

c　レポートは指定された大きさの用紙（A4 横書きのレポート用紙）にペンで書き，所定の表紙とともに，ホチキスで ２ヶ所左とじにすること。

d　レポートは指定された表紙に題目，実験日，氏名，学生番号，共同実験者名を記入すること。

e　① レポートは，**目的，理論（概要），実験器具・試薬，操作方法，実験結果，考察（検討），**

結論（まとめ），問題の順で項目別にまとめる。

② まず第一に，実験したことをきちんと把握できるように書く。

実験（指導）書を持っていない人でも，また，実験書を読まなくても，レポートを読めば，『どんな目的で，何を，どんな方法で行って，どの様な結果が得られ，それからどんなことがわかったか』が，わかるように書かなくてはいけない。

③ 操作方法

実験書にはどのように行うかが書いてある。

レポートにはどのように行ったかを書くようにする。→原則として**過去形**

④ 実験結果からは，課題についての直接的な答えは得られない。

実験結果はおかしい場合もあるし，どうしてこうなのかわからない場合もある。**この様な点を考察（検討，吟味）で処理しておく必要がある。**
従って，考察にはデータ（結果）の解釈，思考過程の記述，参考書を用いた疑問点の解明が書かれることになる。

⑤ 以上のような処理を行って，**実際に実験したことの具体的なまとめ**を，簡潔に結論（まとめ）として書いておく。

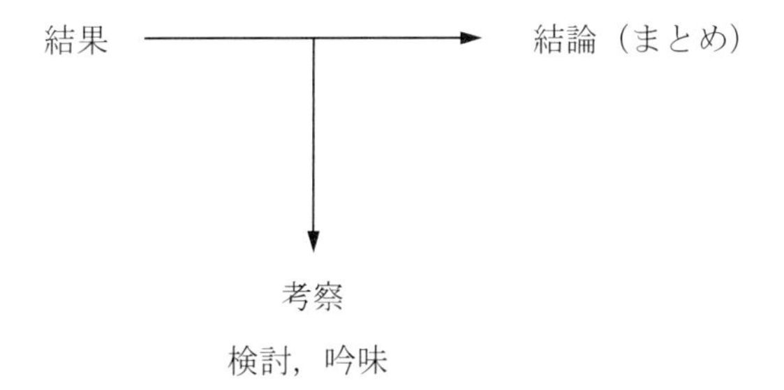

⑥ 文章はできるだけ簡潔にし，箇条書的な書き方を心掛ける。

⑦ 第一人称を用いた表現，主観的な表現（面白かった，不満だった，難しかった，またやりたい，他），感想，反省は書かない。

⑧ 誤字に極力気をつけ，丁寧に書く。

g 指定された提出期限を守ること。

2　電子天秤について

化学実験では電子天秤が使用される。大部分の電子天秤は秤量皿の下に加重センサーを配置しており，電子回路によりセンサーに加わった加重を電圧として検出し，A／D変換して重量を表示する仕組みとなっている。小型軽量であるが加重センサー部は過加重に弱いので，注意深く取り扱わなくてはならない。

(i) 電子上皿天秤の使い方

1. 天秤を濡れていない安定な台に置き，ACアダプタおよび電源を接続する。
2. 水準器を真上から覗き，本体下の4本の足を回して水平合わせを行う。
3. 電源スイッチを入れる。
4. 秤量直前にRE–ZEROスイッチを約1秒押し，表示部左上に安定マーク（○）が表示され0.00 gとなってから，試料を静かに皿の中央にのせる。
5. 安定マーク（○）が表示されてから，表示値を記録する。
6. 秤量後，試料をとり除く。使用し終えたらACアダプタのコードをまとめて縛り，すみやかに返却する。

（注1）風袋（容器，秤量ビン，薬方紙等）の質量を除去し内容物のみを秤量したいときは，風袋をのせてからRE–ZEROを押すと，風袋を基準に，0.00 gを表示する。

（注2）精密電子機械であるから，皿に力を加えたり本体に衝撃を与えないように注意する。また水や試薬を付けないようにし，もし皿や本体を水や試料で汚した場合は，キムワイプ等でぬぐい取る。

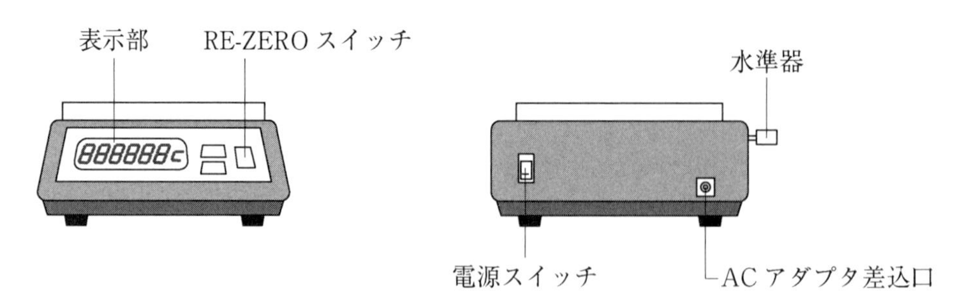

図1　電子上皿天秤

(ii) 分析用電子天秤の使い方

基本的には電子上皿天秤と取り扱い方法は同じであるが，さらに精密に測定するため風防がある。また，0 点の長時間変化や，秤量皿の汚れ等にも細かな注意を払う必要がある。定量分析の標準試料結晶を正確に取るには以下の方法で行う。

1. 水準器で天秤が水平であることを確認する。水平でない場合は足のネジを回して水準器の空気泡が赤い○の中央に来るように調整する。

2. 秤量皿やその周囲が汚れていたら，ブロアーブラシで掃除する。(お皿のゴミの量で秤量値が変わってくる)

3. ON–OFF スイッチを押して電源を入れ，しばらく安定化させる。

4. 風防ガラスが閉まっているか確認し，RE–ZERO スイッチを押す。0.0000 g と表示され，安定マーク（○）が表示されたら，秤量瓶にふたをして秤量皿中央に静かに載せる。安定マーク（○）が表示されたら表示値を使用した秤量瓶の番号と共にノートに記録する。(w_b g とする)

5. 秤量瓶に以下の方法で試料結晶を必要量の±1％以内で加える。

① 秤量瓶のふたを外し，本体のみ秤量皿に載せ RE–ZERO を押す。(風袋除去モード)

② 秤量瓶を載せたまま，試料結晶を少しずつ入れ，目標値の±1％以内まで加える。(薬サジ一杯で何 g 変るのかを見てから入れるとよい)

③ 秤量瓶を取り出してふたをして，天秤の秤量室，皿を掃除する。(試薬瓶のふたが閉っているかも確認する)

6. 風防ガラスが閉まっているのを確認し，RE–ZERO スイッチを押す。0.0000 g を表示し安定してから，試料の入った秤量瓶を秤量皿に載せる。安定してから表示値をノートに記録する。(w_{a+b} g とする)

7. 天秤の周囲を掃除し，試薬瓶のふたと風防ガラスが閉まっているか確認する。(使用記録簿に記入する)

8. 結晶の重量を $w_{a+b} - w_b$ で算出する。(更に精密に結晶の質量を求めるためには浮力補正を行う)

（注 1）温かい手を秤量室内に入れると空気の対流で 0 点が変化したり，空気密度の変化により浮力が変わり，秤量値が変わるので，秤量瓶等の大きな試料は手袋をして扱い，小さなものはピンセットで摘んで秤量皿に載せる。

（注 2）秤量中は天秤台に体重をかけたり振動を与えないようにする。

（注 3）水平合わせに時間がかかるので精密な天秤は移動させたり，持ち運ばないこと。

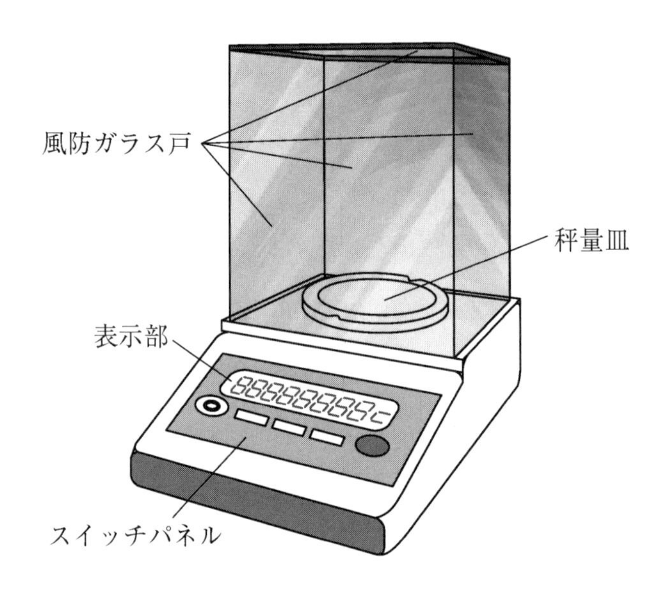

図 2　標準的な分析用電子天秤

3　測容器の使い方

メスフラスコ，ピペット，ビュレット，メスシリンダーの4種が主な測容器であるが，この扱いは注意を要するのでここに記す。

(1)　一般的注意

ガラスも溶液も温度の変化によって容積が変わるので，20℃の標準温度で作成されている。従って，測容器に熱水を入れたり，加熱乾燥してはいけない。加熱して一度膨張したガラス容器は，数ヵ月～1年たたないと元の容積に戻らない。

メスフラスコは共栓付きだから，離れないようにコックは本体と紐でしばっておくほうがよい。

(2)　メスフラスコ

E と表示されているものは，標線まで液を入れたとき表示体積の液量が入っていることを示す。A とあるのは，標線まで入れた液を流しだしたとき，その液量が表示容積であることを示す。液は管の中央部が標線と一致するように満たす。

(3)　ピペット

ピペットには主なものとして，下記3種類がある。

（イ）駒込ピペット
（ロ）メスピペット
（ハ）ホールピペット

駒込ピペットは主として定性分析に用いられる。表記された目盛はおおよその値を示す。メスピペットは任意の液量をとるときに用いられ，検定済みのものはホールピペットと同程度の精度で測容できる。メスピペットは目盛りで任意の容量を測り取ることを目的として用いられる。一般的に安全ピペッターの使用が推奨される。検定済みのものを使用することで，正確な計量が可能である。ホールピペットは一定容積を正確に計り取る際に用いられる。上部に目盛り線が1本のみ引かれていて，中央部が膨らんでいるのが特徴である。メスピペットと同様に安全ピペッターを使用する。

(4) ピペットによる試料の取り方

駒込ピペットでは駒ゴムを付けて図 3 のように持ち，目盛まで液を吸い上げ液面から離す。液を移すとき先端からこぼれないように，先端に少し空気を入れ，移す容器を近くに置いておくと良い。

ホールピペットは安全ピペッターを付けて取る。安全ピペッターは取り付ける前に空気抜きバルブをつまんで球部を握りつぶして空気を抜いておく。ピペット上部を差し込みピペットのガラス上部を持って先端を液面に付け，吸い上げバルブをつまむ。試料を標線より 1～2 cm 上まで吸い上げる。このとき液面と先端が離れないように注意する。先端を液面から離し排出バルブを徐々に力を入れてつまみ，余分な試料をゆっくり排出し標線とメニスカスの底を一致させる。移す容器に排出バルブを全開にして出す。出し終わった後も 20 秒間バルブをつまみ続け，内壁に残った滴が落ちるのを待つ。最後に全てのバルブから手を離し，球部を掌で握ると空気の膨張で先端にたまった滴が排出される。さらに先端を容器の内壁に付け残った滴も落とす。

メスピペットもホールピペットと同様に扱うが，一番上の目盛から目的の液量の目盛りまでしか出してはならない。

ピペット類は転がってゴミが付いたり実験台から落ちて割らないよう，使わないときはピペッターを外しピペット台に横たえて置く。

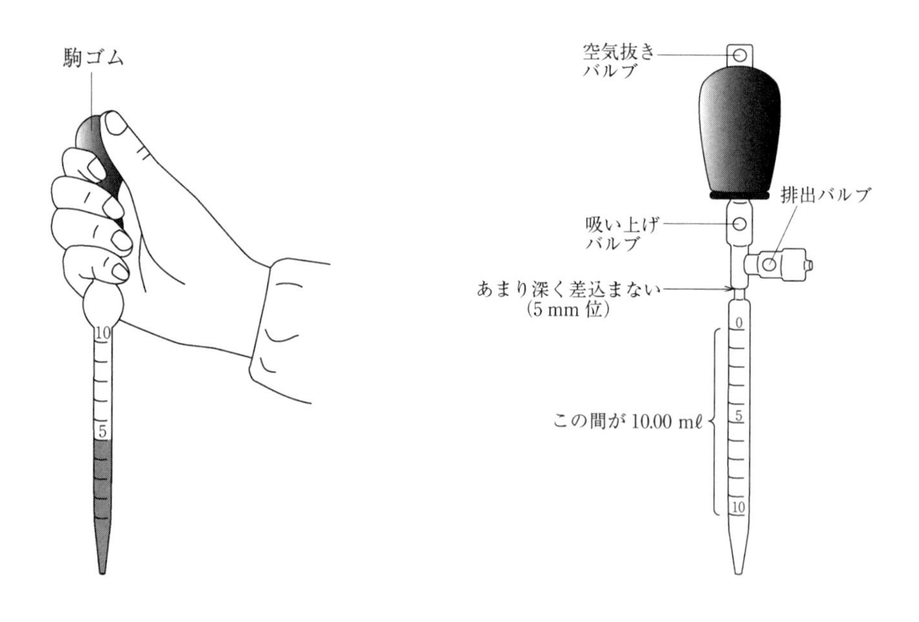

図 3　駒込ピペットの持ち方

図 4　安全ピペッターとメスピペット

(5) ビュレット

一様な内径のガラス管に目盛をつけたもので，溶液の滴下量を正確に測定するための器具である。滴下速度は 50 mL ビュレットで 0.5 mL/sec が適当で，あまり速くしないこと。また，ビュレットから滴下する 1 滴は約 0.04 mL であることを憶えておくとよい。滴定操作は図 5 参照。

図 5　滴定操作

(6) メスシリンダー

おおよその液量を手軽に測るためのもの。

(7) メートルグラス

少量を測り取り易いように開口部を広くしたメスシリンダー。

4　試薬の取り扱い

化学実験では薬品をよく使用するので，以下の基本的な取り扱い方法を守り，安全に十分注意する必要がある。

(1)　試薬を取り扱う時の服装と環境

試薬を取り扱うときは白衣と安全メガネを着用する。化学繊維は引火して燃えたり，熱で融けるので危険である。また作業服は試薬が大量に付いたとき脱ぎ捨てるのに時間がかかる欠点がある。目にはいると危険な試薬もあるため安全メガネを着用する。

薬品は強制換気装置を取り付けた部屋で取り扱う。特に蒸気が発生し，その蒸気が引火性（有機溶媒など）であったり，目，鼻，皮膚に刺激を与えたり（濃塩酸，次亜塩素酸や濃アンモニア水），毒性がある試薬はドラフトの中で扱う。ドラフトは換気スイッチを入れ，保護ガラス窓をできるだけ下に降ろして，手だけ入れて扱う。場合により手もゴム手袋をはめて保護する。操作によって破裂したり飛び散ると危険なものもドラフト内で扱うか，体の前に透明なプラスチック保護ついたてを置く。

(2)　試薬瓶の持ち方と試薬の移し方

液体の試薬瓶を持つときは必ず，試薬ラベルが持ち手の手のひら側になるように持つ。こうすれば，瓶の外にたれた薬品がラベルの文字を消すことはなく，他の人が持つとき試薬が手に付くこともない。なお，試薬が瓶のふちや外に付着した場合は必ずキムワイプ等でふき取っておく。液体試薬を細口の容器に移すときは漏斗を使用し，ビーカー等に移すときは飛びはねを防ぐために内壁面に伝わらせるか，ガラス棒に伝わらせて移す。

固体の試薬を取るときは他の試薬の付いていない乾いた薬さじで取る。試薬瓶を移す容器の近くで持って移すとこぼすことが少ない。こぼした試薬は濡れぞうきんで拭き取っておく。過酸化物などは強い衝撃を与えたり熱い薬さじをいれると爆発する恐れがあるので注意する。

試薬を取った後はできるだけ早くふたをする。蒸発したり，固体では湿ってしまうものが多い。取りすぎたり余った試薬は決して元の試薬瓶に戻さない。間違って違う種類の試薬と混ざると，試薬の純度が落ちるばかりか，化学反応による事故を引き起こすことがある。

(3)　劇薬の希釈方法

濃い酸，酸化剤や濃塩基等の劇薬類を希釈（薄めること）するときは大量の水に少しずつ酸や塩基を混ぜながら加えるようにする。逆にすると希釈の際の大きな発熱で水が沸騰し，周りに試薬を飛び散らせるので危険である。

5　実験器具の洗浄の仕方

(1) スパチュラ，ガラス棒

① キムワイプ等の紙で，こびりついている薬品をふきとる。

② 洗剤で洗う（ブラシを使用)。

③ 水道水ですすぐ。

④ 脱イオン水ですすぐ（あるいは蒸留水)。

⑤ 濡れている場合は洗いかごに，乾いている場合は指定のひき出しにしまっておく。

(2) ガラス器具

(a) 測容器

① 外側を洗剤をつけて洗い，水道水ですすぐ。

② 内側は特に汚れているときを除き，水道水を十分流して洗う（ブラシは使わない)。

③ 内側，外側とも十分水で流してから，脱イオン水（あるいは蒸留水）で洗う。

④ できるだけ水がきれるようにして（多くの場合逆さにする)，指示に従って，たてかけるか洗いかごにしまう。

* ○ 白色ビュレットは，コックをはめたままで本体とコックが平行になるようにして，先端を上にして立てかけておく。

○ 褐色ビュレットは，コックをはずし，あとは白色ビュレットと同様にたてかけておく。

○ ピペットは指示に従って，ピペット洗浄器の中に先端を上にしてつけておく。

○ メスフラスコの共栓ははずしておく。

** 内部が水で濡れている測容器を使用せざる得ないときで，濡れていてはまずい場合には，これから使用しようとする液で 2～3 度，内部をすすいでから用いればよい。この操作を共洗いという。

(b) ビーカー，三角フラスコ等

① 外側を洗剤をつけて洗い，水道水ですすぐ。

② 内側も洗剤をつけてよく洗い，水道水ですすぐ。

③ 脱イオン水（あるいは蒸留水）で内外ともすすぐ。

④ 水を切るようにして，洗いかごにしまい乾燥させる。

*** 試薬のついた容器を一次洗浄する際は，できるだけ少量の水を使って行なうこと。一次洗浄水もポリタンクに捨て，流しには流さないこと。

化学実験に用いる一般的器具

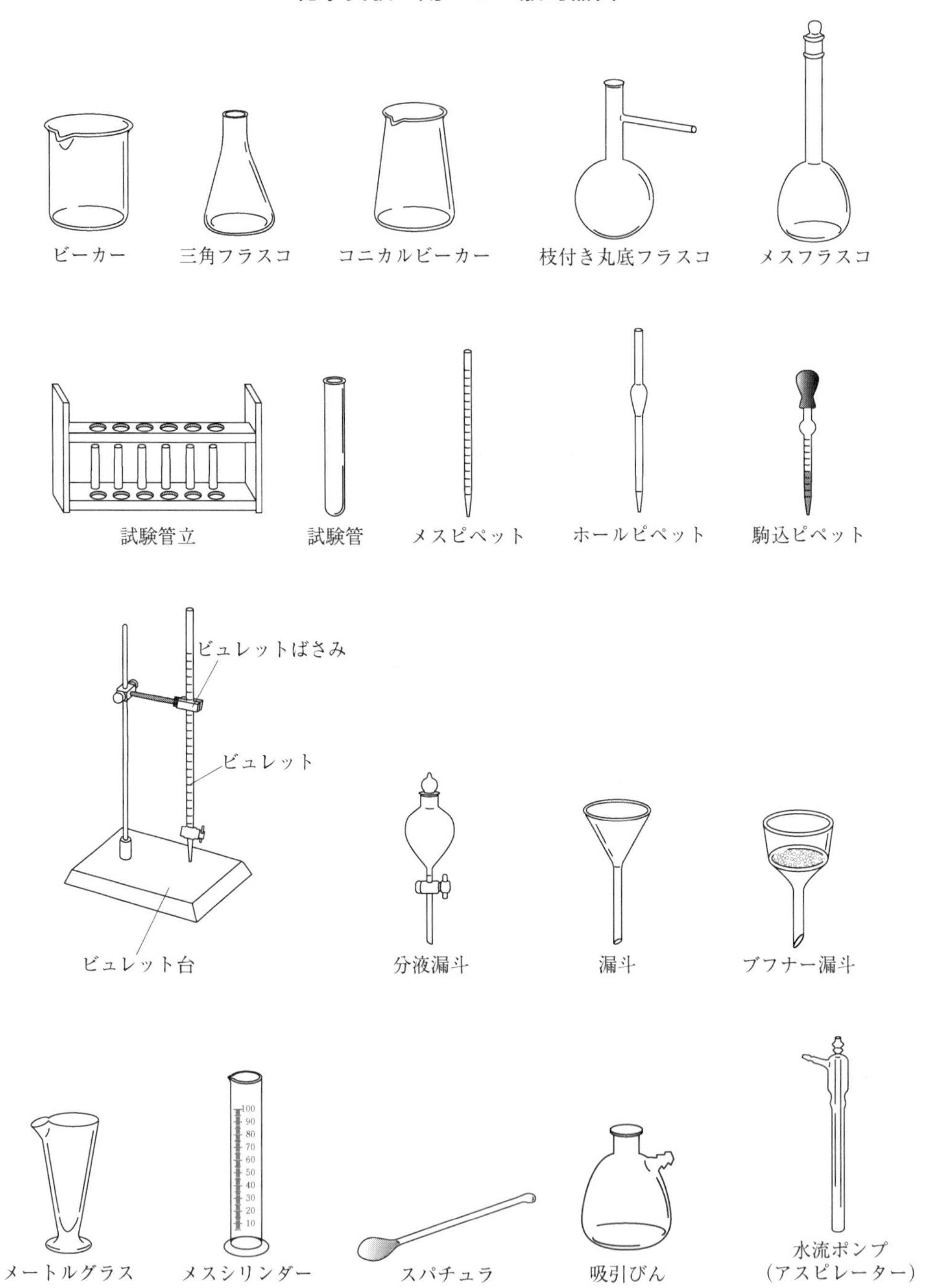

デシケーター
リービッヒ冷却器
リービッヒアダプタ
ジムロート冷却器
秤量びん
時計ざら
ペトリざら(シャーレ)
水浴(ウォーターバス)
蒸発ざら
三角架
ノンアスベスト金網
三　脚
乳鉢と乳棒
スプレー
スポイトびん
(滴びん)
洗いびん(噴水びん)
クランプホルダー(ムフ)
クランプ
リング
細工用バーナー
スタンド

II 実　　験

本実験室の実験題目としては，次のようなものが用意されており，これらのうちから適当なものを選んで実験するように定められている。具体的にどの実験題目を行うかは，その年度の初めに実験日程表で指示するので，それに従うこと。

1 練習実験
2 中和滴定
3 アセトアニリドの合成
4 酢酸エチルの合成
5 融点測定と蒸留
6 ペーパークロマトグラフィーによる無機イオン定性分析
7 銅の比色定量分析
8 陽イオン定性分析

1　練習実験

(1) 目　的

化学実験に使うガラス器具や天秤の使い方を習得すると共に各測容器の精度を把握し，試薬の希釈法，溶液の調製方法を学習する。

(2) 実験方法

A. 器具

電子上皿天秤，100 mL コニカルビーカー，100 mL ビーカー，10 mL ホールピペット，10 mL メスピペット，安全ピペッター，駒込ピペット（10 mL，1 mL），駒ゴム(大，小)，ビュレット(50 mL)，ビューレット挟み，ピペット台，スタンド，100 mL ポリ試薬瓶

B. 操作

（i）脱イオン水一滴の体積

＜ビュレットの正しい扱い方を練習する＞

① ビュレットのテフロンコックの回し易さをネジ締めで調整する。(コックは決して外さないこと)

② コックを閉めてビュレットに脱イオン水を少量入れ，回しながら水平に傾けて内壁をこれから入れる液体で洗う。コックを開け先端から出して先端も洗う。(この操作を共洗いという。共洗いは通常 2～3 回行い，共洗いに使用した液体は廃液として処理する。)

③ ビュレットに試料液体（ここでは脱イオン水）を小ロートを使って目盛り 0 より少し多めに入れ，スタンドに立てて，先端の下にビーカーを置き，コックを全開して先端の空気を抜く。(試料を入れた後，小ロートは外しておく)

④ 始点を読む。ビュレットは出用測容器であるので目盛りは上から付けてある。目をメニスカス（水面の底）と同じ高さにして真横から，最小目盛りの 1/10 まで読む。(例えば 1.23 mL のように読みとる)

⑤ 先端を見ながらコックを少しずつ回し，液滴が出はじめたら，100滴数えて出す。あまり早く出すと内壁に滴が多く残る。

⑥ 出し終わった後，内壁面の滴が落ちるのをしばらく待って，終点の目盛りを読む。(この終点目盛りは次の操作の始点にすることができる)

⑦ さらに③～⑥の操作をくり返し，脱イオン水一滴の体積を1/100 mLまで求める。(一滴の体積を知っておくと定量分析の誤差を考察する際の助けとなる)

(注) 使い終わったビューレットは，通常，試料液体を抜いて脱イオン水で洗ってから逆さにしてスタンドに立て，コックを開けておく。ここでは試料が脱イオン水なので洗わなくて良い。

(ii) 3種類のピペット10 mLの容量

<ピペット類の用途と精度を把握する>

① 電子上皿天秤で空のコニカルビーカーの重さを秤量し記録する。コニカルビーカーの外側が水で濡れている場合はタオルで拭き取ってから秤量する。

② コニカルビーカーを天秤から降ろし，ピペットから正しい操作でコニカルビーカーへ脱イオン水を10 mL加える。

③ 水を入れたコニカルビーカーの重さを電子上皿天秤で秤量し記録する。

④ 空の重さを引いて加えた水の重さを算出する。

⑤ 上記①～③の操作を駒込ピペット，ホールピペット，メスピペット（各 10 mL）について各3回以上行い，平均を取ってピペットの実際の容量を求める。水の密度は20 ℃において0.998 g/cm^3，25 ℃において0.997 g/cm^{3}である。

(注) 同じコニカルビーカーを使っても，中の濡れ方が違うので空の重さは毎回測定すること。

(iii) 0.1M塩酸の調製

<正確な希釈法を学ぶ>

① 100 mLメスフラスコの中を脱イオン水ですすぐ。

② 1 M塩酸を容器から50 mLビーカーへ15 mL程出し，10 mLホールピペットで取って，メスフラスコに入れる。

③ メスフラスコに，脱イオン水を標線の下1 cm程度まで入れる。

④ 1 mL駒込ピペットで脱イオン水を少しずつメスフラスコに入れ，標線の輪が一重に重なって見えるように真横から見てメニスカスの底と標線を合わせる。

⑤ メスフラスコのガラス栓をし，栓を押え逆さにして振り混ぜ溶液を均一にする。

⑥ ポリ試薬瓶に移し，ラベルを貼る。ラベルには 0.1 M－HCl と書き，調製者の学系，名前と日付も書く。ポリ試薬瓶内部が濡れている場合は 5 mL 程の調製試薬で共洗いしてから移す。

（注）この試薬は中和滴定の実験で未知試料として使用する。0.1 M の M はモル濃度 mol/L の単位記号を示す。

（iv）0.05 M のシュウ酸溶液の調製

＜溶液の正確な調製法を学ぶ＞

① 100 mL メスフラスコの中を脱イオン水ですすぐ。

② 秤量ビンにシュウ酸 0.6304（± 0.0050）g を分析用電子天秤で計りとる。

③ 計った試料をロートを使って 100 mL メスフラスコに入れ，脱イオン水で秤量ビンやロートについた試薬も完全に流し入れる。

④ 脱イオン水を加え，試料を溶かした後，メスフラスコの標線ぴったりまで脱イオン水を加え，よく混ぜる。

⑤ ポリ試薬ビンに移し，名前を書いたラベルを貼る。

（注）この試薬は中和滴定の実験で標準溶液として使用する。

(3) 問　題

測定誤差としてどういうものが考えられるか考察しなさい。

参考書

緒方　章，近藤龍，「化学実験操作法」，南江堂

畑　一夫，渡辺健一，「基礎有機化学実験」，丸善

2　中和滴定

【概　　要】

$$\mathrm{HCl + NaOH \rightarrow NaCl + H_2O} \tag{1}$$

酸の水溶液と塩基の水溶液が反応すると塩と水が生じる。中和点では，酸の濃度 c_A〔mol/L〕，価数 N_A および容積 V_A〔mL〕と塩基の濃度 c_B〔mol/L〕，価数 N_B および容積 V_B〔mL〕の間には次の関係が成り立つ。

$$\frac{c_A N_A V_A}{1000} = \frac{c_B N_B V_B}{1000} \tag{2}$$

したがって酸と塩基のうち，どちらかの濃度がわかっていれば，中和した他方の溶液の濃度は(2)式を用いて求めることができる。

酸（アルカリ）をアルカリ（酸）で滴定していくと溶液の水素イオン濃度は変化していく。

水は次のように電離平衡にあり，

$$\mathrm{H_2O} \rightleftarrows \mathrm{H^+ + OH^-} \tag{3}$$

平衡定数は

$$\frac{[\mathrm{H^+}][\mathrm{OH^-}]}{[\mathrm{H_2O}]} = K \quad (K\text{: 平衡定数}) \tag{4}$$

で表され，

$$[\mathrm{H^+}][\mathrm{OH^-}] = K[\mathrm{H_2O}] = K_\mathrm{w} \quad (K_\mathrm{w} = 10^{-14}\text{: 室温}) \tag{5}$$

Kw を水のイオン積という。

ところで，水素イオン濃度は一般に pH ＝ –log［$\mathrm{H^+}$］で表されるから，

pH < 7 は酸性

pH = 7 は中性

pH > 7 はアルカリ性

を意味する。pH と中和の挙動の関係は用いる酸，アルカリの強さによって図 2.1 のようになる。

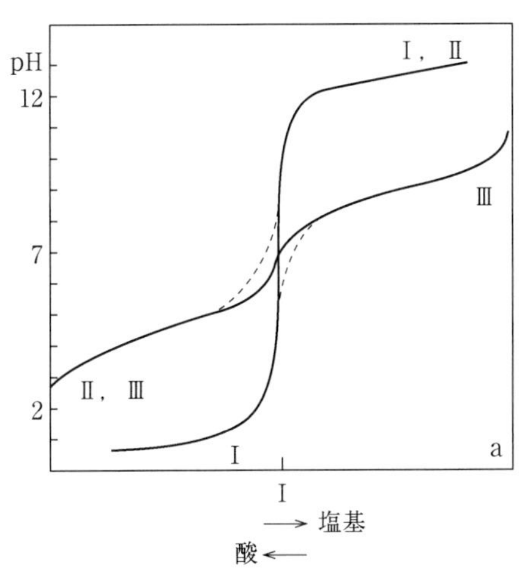

Ⅰ－Ⅰ　強酸－強塩基
Ⅰ－Ⅲ　強酸－弱塩基
Ⅱ－Ⅰ　弱酸－強塩基
Ⅱ－Ⅲ　弱酸－弱塩基

図 2.1　種々の中和滴定曲線

図からもわかるように，中和点は pH = 7 とは限らない。

また，酸（塩基）は分子 1 個を考えたとき，H^+ イオン（OH^-イオン）を何個だすかによって，一塩基酸（酸塩基），二塩基酸（酸塩基）等に分類される。

【実　　験】

(1) 目　　的

シュウ酸を一次標準として中和滴定を行い，水酸化ナトリウム水溶液と塩酸の濃度を求める。

(2) 実験方法

A. 器具

メスフラスコ（100 mL）(1)，駒込ピペット（1 mL）(1)，ビュレット（50 mL）(1)，ビュレット台(1)，ビュレット挾み，ホールピペット（20 mL）(1)，秤量瓶(1)，コニカルビーカー（100 mL）(3)，ミクロスパチュラ，

ろ紙，グラフ用紙

B. 試薬シュウ酸，フェノールフタレイン

約 0.1 M 水酸化ナトリウム，約 0.1 M 塩酸

C. 操作

1. 0.05 M シュウ酸溶液の調製（練習実験で調製済みの場合は濃度の計算のみ行う）

(a) 秤量瓶にシュウ酸 0.6304（± 0.0050）g を分析用上皿電子天秤で計りとる。

(b) 計った試料を 100 mL メスフラスコにロートを使って入れ，脱イオン水で秤量瓶やロートについた試薬も完全に流し入れる。

(c) 脱イオン水を加え，試料を溶かした後，メスフラスコの標線ぴったりまで脱イオン水を加えよく混合する。

（注）シュウ酸（$(COOH)_2 \cdot 2H_2O$ 式量＝126.07）0.6304 g をメスフラスコを用いて脱イオン水で正確に 100 mL にしたものが 0.05000 M である。しかし実際にはなかなか 0.05000 M の溶液を調製することは難しい。そこで例えば 0.05005 M であったりすると，基準濃度（ここでは 0.05000 M）との比（0.05005/0.05000＝1.001）を考え，0.05 M（f＝1.001）というように表示することもある。f を換算係数，factor と呼ぶ。

2.　水酸化ナトリウム溶液のシュウ酸標準溶液による滴定

(a) ビュレットに約 0.1 M の水酸化ナトリウム溶液を入れる。

(b) シュウ酸 20 mL をホールピペットでコニカルビーカーにとり，フェノールフタレイン溶液を 2～3 滴加える。

(c) ビュレットから水酸化ナトリウム溶液を，中和反応の終点まで（かき混ぜても薄いピンクが消えなくなるまで）滴下する。（注）ビュレットは最少目盛の 1/10 まで読むこと。

(d) 滴定を 3 回以上行い，滴下した水酸化ナトリウムの平均値を求める。

(e) (2)式を用いて水酸化ナトリウム溶液の濃度〔M〕を求める。

3.　塩酸の滴定

(a) 塩酸 20 mL をホールピペット（共洗いして使用すること）でコニカルビーカーにとり，フェノールフタレイン溶液を 2～3 滴加える。

(b) ビュレットから水酸化ナトリウム溶液を，中和反応の終点まで（かき混ぜても薄いピンクが消えなくなるまで）滴下する。

(c) 滴定を 3 回以上行い，滴下した水酸化ナトリウムの平均値を求める。

(d) (2)式を用いて塩酸の濃度〔M〕を求める。

D.　中和滴定のレポートについて（p.24 参照）

1. 練習実験で行ったシュウ酸標準溶液の調製と塩酸未知試料溶液の調製についても方法および結果を書くこと。

2. 数回ずつ行った二種類の滴定結果は表にまとめ，平均値から水酸化ナトリウム水溶液のモル濃度，次いで塩酸未知試料溶液のモル濃度を有効な桁まで報告する。

3. 報告書の考察にまだ慣れていない学生は，次のような手順で考察を進めると書きやすい。しかし，考察は実験をした報告者の考えを書くところであるからどのようなことを書くべきか自分で考える事が望ましい。

(a) 実験結果の妥当性，精度を議論する。バラついたらその原因として考えられることは何かなど。

(b) 上記精度を理解した上で，塩酸未知試料溶液の調製に用いた元の濃塩酸の濃度を推定してみる。また，濃塩酸として調べられる文献の値との差について考察を行う。

(c) 実験方法の改善方はあるか。指示薬としてなぜフェノールフタレインを用いるか，また塩を滴下し酸をビューレットから滴下しないのはなぜかなどの実験方法に対する考察を行う。

(d) なぜ一滴で溶液の色が急変するか，強塩基を滴下すると溶液の性質にどのような変化があるかなどの溶液の化学的性質に対する考察を行う。

＜参考＞中和滴定のモル濃度の算出

1. 標準溶液のモル濃度 c はシュウ酸二水和物$(COOH)_2 \cdot 2H_2O$の秤量値 m〔g〕，式量 Fw（化学式で書かれた物質の原子量の総和）および用いたメスフラスコの容量 V〔mL〕から次式で求められる。

$$c\ [\mathrm{mol/L}] = \frac{n\ [\mathrm{mol}]}{\dfrac{V\ [\mathrm{mL}]}{1000}} = \frac{\dfrac{m\ [\mathrm{g}]}{F_W}}{0.1000} \quad (V = 100\ \mathrm{mL}\ のとき)$$

2. 滴定結果から濃度を求めるには（2）式の中和の条件式を用いればよいが，（2）式は次のように簡単となり，換算係数（facor），fを用いてより簡単に求めることができる。

$$\frac{c_A N_A V_A}{1000} = \frac{c_B N_B V_B}{1000}$$

$$c_A N_A V_A = c_B N_B V_B$$

$$c_A{}^* N_A \frac{c_A}{c_A{}^*} V_A = c_B{}^* N_B \frac{c_B}{c_B{}^*} V_B$$

ここで，c_A*，c_B*は酸，塩基の公称濃度（調製目標となった濃度）で，通常，酸が与える水素イオンの公称濃度[注)]を塩基が与える水酸化物イオンの公称濃度[注)]と等しくしているため，$c_A{}^* N_A = c_B{}^* N_B$となり，換算係数$f = \frac{c}{c^*}$の関係より，$f$についての中和の条件式が得られる。

$$\frac{c_A}{c_A{}^*} V_A = \frac{c_B}{c_B{}^*} V_B$$

$$\therefore f_A V_A = f_B V_B$$

換算係数 f は実際の濃度を公称の濃度で割った値で，1 に近いほど公称濃度に近いことを表し，実際の濃度は公称濃度に f をかけて算出する。換算係数を用いると溶液濃度は公称濃度と共に例えば次のように表す。

0.1 M-HCl（f＝1.001）

(3) 問　題

1. 今回の実験に指示薬として用いたフェノールフタレインのかわりにメチルオレンジを用いるのは適当か，不適当か。その理由を考えなさい（表 2.1 を参考にして）。
2. 塩酸は強酸，シュウ酸は弱酸である。シュウ酸溶液に水酸化ナトリウム溶液を滴下して滴定曲線を書くと，今回行った塩酸と水酸化ナトリウムの滴定曲線とどのように違うか。具体的に記述しなさい。また指示薬はフェノールフタレインとメチルオレンジのどちらが適当か考察しなさい。
3. 緩衝液について調べなさい。どのような機能を持ち，どのような例があるか記述すること。

表 2.1　pH 指示薬

指示薬名	略字	pH　幅	濃　　度	酸性色	アルカリ性色
チモールブルー	T.B.	1.2～2.8	0.1%アルコール溶液	赤	黄
		8.0～9.6	〃	黄	青
コンゴーレッド		3.1～5.2	0.1%水溶液	青	赤
メチルオレンジ	M.O	3.1～4.4	0.1%水溶液	赤	黄
メチルレッド	M.R.	4.2～6.3	0.1%アルコール溶液	赤	黄
ニュートラルレッド	N.R.	6.8～8.0	100 mg（30mL アルコール＋70 mL 水）	赤	黄
フェノールレッド	P.R.	6.8～8.4	0.1%アルコール溶液	黄	赤
フェノールフタレイン	P.P.	8.3～10.0	0.1%アルコール溶液	無	赤
チモールフタレイン	T.P.	9.3～10.5	0.1%アルコール溶液	無	青

参考書

斉藤信房，「大学実習分析化学」，裳華房

参考　実験レポートの作成要領と例

実験レポートは，実験により自分が確認した事実，発見した現象を第三者に正確に伝えることを目的として書くものである。情報の正確な伝達は，その分野で用いられる共通の用語を用い，普遍的な形式に則して客観的に記述することにより可能となる。

【実験レポートの一般的形式】

実験レポートの一般的な形式は，以下 1.～7. の項目からなる。各項目について，「2　中和滴定」を例に，書き方の一例を示す。

1. 目的

どのような原理に基づいて何を求めようとしているのか，あるいは実験することにより何を確認しようとしているのか。その目的を具体的にかつ簡潔に記述すること。

> 例）
> シュウ酸水溶液を一次標準液，水酸化ナトリウム水溶液を二次標準液にそれぞれ用い，二段階滴定法により塩酸未知試料の濃度を評定する。

2. 原理

この実験がどのような原理に基づいて行われ，どのような測定を行えば目的の結果が得られるかを明瞭に記述する。必要があれば，数式や図を用いる。

> 例）
> 酸と塩基の中和点では，酸が与える[H⁺]と塩基が受け取る[OH⁻]が等しいため(1)式が成り立つ。従って中和まで一定量の酸に滴下した塩基の体積を測定することで標準溶液に対して未知試料の濃度を標定することができる。
>
> $$C_A N_A V_A = C_B N_B V_B$$
>
> ここで，C_A は酸のモル濃度〔mol/L〕….である。

3. 実験

実際に使った器具，試薬名と実際に行った実験の手順を簡潔に書く。

・器具は数量や器具図は書かない。(器具名でわかる)

・試薬は薬品名と試料の状態を書く。(例：0.1 M-水酸化ナトリウム水溶液)

・実験手順は化学式や操作法名を過去形で書く。(器具の操作説明は不用)

> 例)
>
> 1) ビューレットに 0.1 M 水酸化ナトリウム水溶液をいれ，始点を 0.00 に合わせた。
>
> 2) コニカルビーカーにホールピペットでシュウ酸 20 mL とり，フェノールフタレイン溶液を 2 滴加えた。
>
> 3) ビュレットから水酸化ナトリウム水溶液を滴下しながら，中和反応の終点まで滴下した。
>
> ……

4. 結果

実験結果とデータ処理（結果の算出）の過程を表やグラフを活用してできるだけ簡潔に記述する。数値データの取り扱いは誤差を考慮して有意な客観的方法で行う。

・環境条件（気温，湿度，気圧など）を記録しておくこと。環境条件は実験結果に影響をおよぼす。

・繰り返し計算は公式を書いて，計算結果は計算に用いた実験データと合わせて表に示す。

・図表は「Ⅳ　実験結果の統計処理と表・グラフの表し方」を参考に作成し，通し番号を付ける。

・表はレポート用紙に直接書くか表計算ソフト（Excel 等）で整理して作成したものを貼る。

・グラフはグラフ用紙に書いたものか小さいものはレポート用紙に貼る。

> 例)
>
> 0.05 M シュウ酸水溶液を濃度未知の水酸化ナトリウム水溶液で滴定したときの水酸化ナトリウム水溶液の滴下量と 3 回の滴下量の関係を表 1 に示す。
>
> ……

5. 考察

結果を実験者がどのように解釈し，どのような結論を導くか，その推論の過程を記述する。推論は結果に基づく客観的なものでなければならない（実験レポートは感想文や反省文ではない)。結果を眺めるだけではヒントは浮かばない。参考文献を探し，周辺の知識を学ぶことも必要である。

・原理，手順の項で記述した実験条件がこの実験において満たされていたかどうか確認する。

・結果が妥当か，精度良く求められたか議論する。
・次いで結果から何がいえるか化学的な観点から考察をする。
・実験方法に対する改良点，実験から思い浮かんだ疑問やそれを確認する方法なども書く。

例）

シュウ酸－水酸化ナトリウムと塩酸－水酸化ナトリウムのどちらの滴定においても，水酸化ナトリウム水溶液の滴下量は3回とも小数点下2桁の違いであり，特別に離れた滴下量は存在しない。したがって今回の実験では測定操作上の大きな問題はないと考えられる。

今回，シュウ酸－水酸化ナトリウムと塩酸－水酸化ナトリウムのどちらの中和滴定においても指示薬としてフェノールフタレインを利用した。これは，フェノールフタレインの変色域がpH8.3～10.0と塩基性領域で変色することに起因している。強酸－強塩基および弱酸－強塩基水溶液の中和滴定のどちらでも利用できるためである。その他の指示薬としてメチルオレンジやメチルレッドなどが存在するが，……

6. 結論

結論には，「目的」に書いたことに対する結果を簡潔に書く。

例）

シュウ酸－水酸化ナトリウム溶液および塩酸－水酸化ナトリウム溶液の組み合わせで中和滴定を行い，塩酸未知試料の濃度を算出した。その結果，水酸化ナトリウム水溶液の濃度は○○○mol/L，塩酸水溶液の濃度は○○○mol/Lであることが分かった。

7. 参考文献

参考にした文献は参考文献欄に著者，書名，出版社，参照頁，出版年をリストにする。

例）

1. 荒木峻，「分析化学実験指針」，東京化学同人，p56-60（1976）
2. 阿藤質，「分析化学」，……

3　アセトアニリドの合成

【概　　要】

アニリンのような芳香族のアミン類は，脂肪族ほどではないが，弱い塩基であって塩酸塩や硫酸塩を作る。従って，アニリンとカルボン酸を加熱するか，酸無水物または酸塩化物を作用させるとアシル化が起こって，N-フェニルアシルアミドを与える。この化合物を一般にアニリドと呼ぶ。

$$C_6H_5NH_2 + RCOOH \rightleftharpoons C_6H_5NHCOR + H_2O$$

この反応は一般に可逆反応であるため，反応系から水を除くとアニリドの収率は上がる。

本実験ではアニリンに無水酢酸を作用させて，アセトアニリドを合成する。

$$C_6H_5NH_2 + CH_3COOCOCH_3 \longrightarrow C_6H_5NHCOCH_3 + CH_3COOH$$

無水酢酸は，酢酸2分子から水が1分子とれたもので，電気陰性度の大きいアセチル基が隣接しているために，カルボニル基は酢酸より反応しやすい状態になっている。

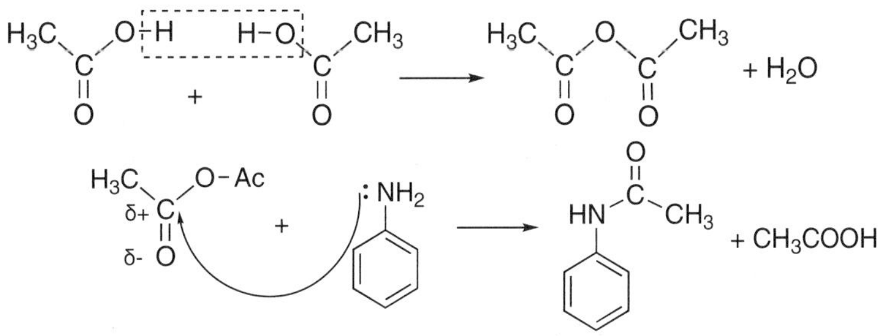

【実　　験】

(1)　目　　的

無水酢酸を用い，アニリンのアセチル化反応によって，アセトアニリドを合成する。得られたアセトアニリドの結晶を再結晶により精製し，高純度の生成物を得る。

(2) 実験方法

A. 器具

スタンド(2)，クランプ(2)，クランプホルダー(2)，リング（小），還流冷却管（リービッヒ管），シャーレ，ロート，50 mL 試験管，沸騰石，吸引ろ過器具（アスピレータ，ブフナーロート，吸引ビン），三脚，金網，上皿天秤，ろ紙（大，中，小），三角フラスコ（200 mL），ビーカー（200 mL，500 mL），プラ製スパチュラ，メスシリンダー（10 mL，100 mL），ゴム管(2)，駒込ピペット（5 mL），軍手，ガラス棒，コニカルビーカー（300 mL）

B. 試薬

アニリン，無水酢酸

C. 操作

① アニリン 2 mL を 10 mL メスシリンダーでとり乾燥した試験管にいれ，これに無水酢酸 2.5 mL をメートルグラスでとり，加える（注 1）。よく混ぜて，冷却器（ジムロード）をつけて装置全体を沸騰浴中に（スタンドを用いて）固定し，加熱する（酢酸エチル合成の装置図参照）。

② ビーカーの水が沸騰してから 5 分経過した後，内容物を 50 mL の水（脱イオン水）の入った 200 mL ビーカーの中に注ぐ。白色のアセトアニリドが完全に析出してから，ブフナーロートを用い吸引ろ過する（注 2）。
（図 3.1 参照）
（＊冷水で冷やすと容易に析出してくる）

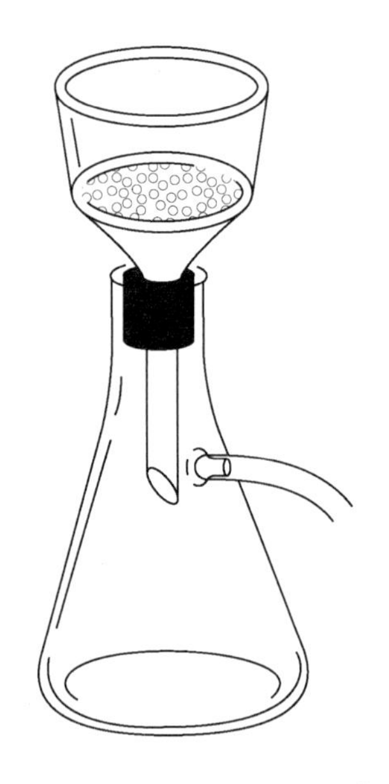

図 3.1 ブフナーロートの使い方

③ 結晶をろ紙（中）の間に挟んで，乾燥し，大体の目方を上皿天秤で測る。

④ アセトアニリドの結晶は，不純物のため多少褐色を帯びているから，注 3 を参考にして 200 mL の三角フラスコを用いてできるだけ少ない熱湯（脱イオン水）に溶かし，熱いうちにひだつきろ紙（大）を用いてろ過（熱時ろ過）する。このとき，あらかじめロートに温水を通して加熱しておくとよい。

⑤ ろ液が冷えるにしたがって，純白のアセトアニリドが析出する。十分冷えてからこれを吸引ろ過し，ろ紙の間に挟んで水分を除いてからシャーレの上に薄くおき，乾燥器中で乾かす（約 80℃，15 分間）。乾燥後収量を計る。

⑥ 反応式を書いて，収率を計算せよ（注 4）。

（注 1）無水酢酸は引火性もあるし，水分があると発熱して危険だから，注意して扱うこと。

300 mL のコニカルビーカーを，試験管たてとして使用すること。

（注 2）吸引ろ過には，ブフナーロートを用いる。試料を吸引ろ過する前に，少量の水でろ紙を湿らせ，ロートにぴったりくっつくようにしておく。

（注 3）アセトアニリドの溶解度は，100 g の水に 20 ℃で 0.54 g，100 ℃で 5 g である。従って，合成された結晶の目方から，どの位の熱湯を使えば溶けるかがわかる。この操作は熱湯の中にアセトアニリドを溶かすようにすること。

融解したアセトアニリドが熱湯の上，あるいは底に油状に相分離していてはだめ。溶解して均一になるまで，熱湯を加えること。

（注 4）アニリン，無水酢酸の密度はそれぞれ，1.02 g/mL，1.09 g/mL とする。

【参　考】

有機合成収率の求め方

物質 C が次の反応式で合成されるとする。

$$\mathrm{A} + \mathrm{B} \longrightarrow \mathrm{C} + \mathrm{D}$$

反応に消費される A または B と合成される C の物質量〔mol〕の比は，それぞれ 1：1 の関係にある。この場合の収率は，以下の手順で求める。

① 原料 A，または B の物質量〔mol〕n_A と n_B を算出する。

$$n = \frac{\text{質量 [g]}}{\text{分子量 } M} = \frac{\text{体積[mL]} \times \text{密度[g/mL]}}{M}$$

② 原料の物質量〔mol〕の少ないほうがすべて反応した場合に生じる C の収量理論値 m_c を求める。

$$m_c\,〔\mathrm{g}〕 = M_C \times (n_A \text{ か } n_B \text{ の少ないほう})$$

③ 収率を求める。

$$\text{収率[\%]} = \frac{\text{収量}}{\text{収量理論値}} \times 100$$

（例）アセトアニリドの収率計算（有効数字に注意）

アニリン C_6H_7N：M＝12.01×6＋1.01×7＋14.01＝93.1 アニリンを 2.0_0 mL 取った場合（密度：1.02 g/mL）

$n＝2.0_0×1.02/93.1＝0.021_9$〔mol〕

（下付きの小数字は，誤差が大きく含まれる桁を意味する）

この物質量が無水酢酸のものより少なかった場合，アセトアニリドの収量1.41 g に対して，収率は以下のように求められる。

$$\frac{1.41}{0.021_9 \times M(\text{アセトアニリド})} \times 100 = 47._6\,[\%]$$

ここで原料の量が少なくアニリンを±0.04 mL 以内でとることは不可能であるため，原料モル数の精度は 2%以下である。従って有効数字は 2 桁となり，収率 48%と報告する。

(3) 問　題

1. 再結晶は，どういう原理に基づいて精製するものか考えてみなさい。
2. アセトアニリドには，どのような用途があるか？調べて考察しなさい。

4　酢酸エチルの合成

【概　　要】

アルコールは無色の化合物で，低位の化合物は特有な臭いをもっている。低位のものは，水と任意の割合で混ざるが，高位のものは水に溶けなくなる性質がある。このアルコールはカルボン酸あるいは無機酸と反応してエルテルを生成するが，この反応は可逆反応である。

$$RCOOH + R'OH \rightleftharpoons RCOOR' + H_2O$$

このように，酸とアルコールから水分子がとれたものを，エステルと総称する。二塩基酸以上の酸で，イオン化し得る水素原子が残っていないエステルを中性エステルといい，残っているものを酸性エステルという。なお，エステルは実験より，アルコールのHと酸のOHとから水がとれて縮合したものであることが知られている。

酢酸エチルの生成に関しては以下のような反応機構が考えられる。有機反応は一般に電荷の偏りによって，引き起こされる場合が多い。カルボニル基（$>C=O$）を分子内に持つ物質は，原子の電気陰性度の違いに基づいて

$$>\overset{\delta+}{C}=\overset{\delta-}{O}$$

となっている。この炭素が親核的攻撃をうけて，反応が開始されると解釈される。

硫酸を触媒に用いると，酢酸に硫酸からのH^+が配位して，

$$H_3C-C(=O)-O-H \overset{H^+}{\rightleftharpoons} H_3C-\overset{\oplus}{C}(-OH)-O-H$$

という状態が考えられる。このようなカルボニウムイオン（C^+）はエチルアルコールの非共有電子対の攻撃（親核的攻撃）をうけ，の中間状態をへて，酢酸エチルが合成されると考えられている。

$$H_3C-\overset{\oplus}{C}(OH)-O-H + :\ddot{O}(H)-C_2H_5 \rightleftharpoons H_3C-C(OH)_2-\overset{\oplus}{O}(H)-C_2H_5$$

$$\rightleftharpoons H_3C-C(=\overset{\oplus}{O}H)-\overset{\oplus}{O}(H)-C_2H_5 + OH^- \rightleftharpoons H_3C-C(=O)-O-C_2H_5 + H_2O + H^+$$

【実　　験】

(1)　目　　的

アルコール類は，反応性が大きい化合物として知られている。本実験ではエタノールと酢酸から，エステル化反応によって酢酸エチルを合成する。また，常温で液体の有機化合物の精製の方法として抽出の操作を学ぶ。

(2)　実験方法

A．器具

50 mL 試験管(1)，還流冷却管（リービッヒ管），スタンド(2)，分液ロート，温度計（100 ℃），ビーカー（100 mL，500 mL）(2，1)，沸石，メスシリンダー（50 mL，10 mL），リトマス紙，コルク栓（No.7，No.3），スパチュラ，リング（大），クランプ(2)，クランプホルダー(2)，金網，三脚，コニカルビーカー（100 mL，300 mL）(2，1)，三角フラスコ（50 mL），ゴム管(2)，スライダック，マントルヒーター，アルミホイル，ロート，上皿天秤，ガラス棒

B．試薬

エチルアルコール，乾燥用塩化カルシウム，酢酸，食塩，濃硫酸，炭酸ナトリウム

C．操作

① ドラフト内で 50 mL の試験管にエチルアルコール 10 mL，酢酸 10 mL，濃硫酸 3 mL をこの順にとり，よく振ってかき混ぜ（注 1），沸騰石を入れ，コルク栓をして還流冷却管を図 4.1 を参考にして取付ける（注 2）（注 3）。上記試薬の入った試験管をバーナーで沸騰させた湯浴中に直立させ（湯浴には 500 mL のビーカーを用いるが，このビーカー内にも沸騰石を入れて突沸を防ぐ。また，沸騰したらバーナーは弱火にする（注 4），45 分加熱を続ける。

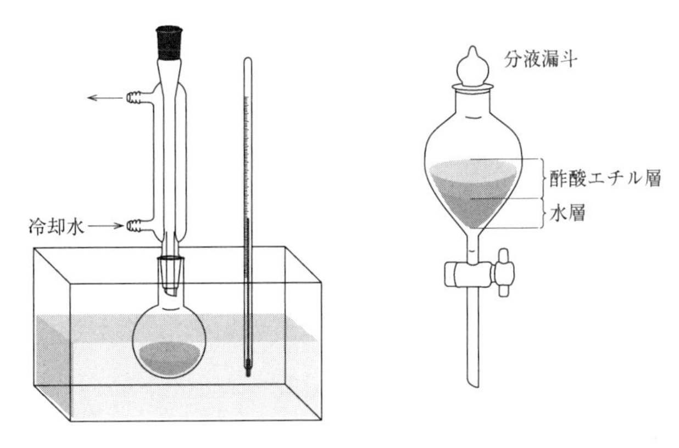

図 4.1 還流冷却器の取り付け方と分液ロート

45 分間の加熱中にやっておくこと

- ②で用いる飽和食塩水，5％炭酸ナトリウム溶液（20 mL）の調製
- ねじ口びんの秤量
- 理論収量の計算

② 加熱が終わり，冷却したら分液ロートに移し，食塩で飽和した水（100 mL のビーカーを用い，約 50 mL の脱イオン水に約 17 g の塩化ナトリウムを溶かす），約 20〜30 mL を加えてよく振る（注 5）（図 4.1 参照）。酢酸エチルは上に浮くから，100 mL のコニカルビーカーを受けにして下層を除く。もう一度飽和食塩水を加え下層を除いた後，およそ 5 ％の炭酸ナトリウム溶液約 10 mL を加えてよく振り下層を除く。この際，分液ロート内に下層の液ができるだけ残らないようにする。下層の洗液がリトマス紙でアルカリ性（青色）であることを確かめてから，

上層の液をロートを使って上口からねじ口びんに移す（注 6)。酢酸エチルの入ったねじ口びんを秤量する。

③ 無水塩化カルシウムを数個加えよく振る。加えた塩化カルシウムの粒が溶けて形を崩すようであったら，そうでなくなるまで加えること。

④ 酢酸エチルの分子量を調べて，収率を計算する（収率を求めるには過剰に用いた物質を基準に選んではならない）（注 7)。

（注 1）相分離していると反応は進まないから，均一になるまでよくかき混ぜてからセットすること。300 mL コニカルビーカーを試験管たてとして使用する。

（注 2）還流冷却器は加熱して抽出または溶解する場合や，反応させている混合物の沸点近くあるいは，それ以上に継続加熱する場合に，蒸気を冷却して凝縮させて元の容器へ還流させるときに用いられる冷却器である。リービットコンデンサーも蛇管も，このようなものの一種である。還流冷却は，凝縮して落ちる液滴が 1～2 滴/秒位がよい。

（注 3）クランプはしっかりと止めておき，途中でくずれないように注意する。試験管，ガラス管は強く締めすぎない。冷却管には水は下から入れ，上からだす。水はちょろちょろ流れる程度がよい。

（注 4）沸騰石

液体をその沸点まで加熱しても，必ずしもすぐ沸騰するとは限らない。この状態を過熱というが，液体がある程度まで過熱されてから初めて気泡を生ずると，その蒸気圧は非常に大きいから爆発的に激しく沸騰する。この現象を突沸という。

これを避けるためには，普通液の沸点まで熱せられると同時に沸騰するように，気泡を出しやすい物の小片をあらかじめフラスコ内へ入れておいて加熱する。そうすると，それが核となって気泡が生じ，順調に沸騰する。この目的のために用いる素焼片や軽石の小片を，沸石または沸騰石といっている。素焼片の場合には，清浄な乾いた素焼板を砕いて作った泡粒大の破片の 1～2 個で十分である。

ただし，沸騰石は 1 度しか使えない。また 1 度高い温度までフラスコ内の液を熱した後では，これより低い温度では，効果がない。

（注 5）分液ロートの使い方

溶液は十分冷やしてから，分液ロートに移す。また，一般に 2 液を混ぜると発熱することがある。従って，ロート内が高圧になり，コックを飛ばすことがあるから，適当にガス抜きを要する。従って操作は，栓をしたら手を抑えながら逆さにして，球部と管部のさかいのコックを静かに開けてガス抜きし，再びコックを閉じてこの状態で両手でよく振る。時々振るのを止めて，ガス抜きをする。よく振って混ぜたら，正常位置に戻し，静かに上部の栓の穴をロート頸部の穴と合わせて，内部と外部を通じるようにする。2 液が完全に分離したら，下層を下口から適当な容器に，上層は上口から取出す。

洗浄後は，必ずコックをはずしておくこと。

（注 6）分液ロートで分けた液は，実験の最後に捨てること。

必要な合成物の方を捨ててしまうことがよくある。

（注 7）密度〔g/mL〕は

エタノール	0.790
酢　　酸	1.049
酢酸エチル	0.900

とする。

$$A + B \longrightarrow C + D$$

の反応を考える。A，B，C，D の分子量をそれぞれ M_a, M_b，M_c，M_d とし，反応に用いた A，B の質量を W_a，W_b とすると，反応が完全に進んだとして生成される C の質量 x は，

$$\frac{W_a}{M_a} \times M_c \text{ と } \frac{W_b}{M_b} \times M_c$$

の小さいほうである。これを理論値とする。

しかしながら，エステル化反応は実際には平衡反応であり，100 %上記反応が右側に進むわけではない。

表 4.1　各種乾燥剤の吸湿能

乾燥剤	値
$CaCl_2$　粒状，平均組成 $CaCl_2 \cdot H_2O$	1.5
$CaCl_2$　工業用，〃　$CaCl_2 \cdot 1/4\,H_2O$	1.25
$Ba(ClO_4)_2$　無水塩	0.82
NaOH　棒状	0.80
シリカゲル	0.03
KOH　棒状	0.014
Al_2O_3	0.005
$CaSO_4$　無水塩	0.005
CaO	0.003
$Mg(ClO_4)_2$　無水塩	0.002
濃 H_2SO_4	0.002
BaO	0.00
P_2O_5	0.00025

30.5 ℃で乾燥剤と平衡にある空気 1 L 中の水分の mg 数，
数字の小さいものほど吸湿力が大きい。

(3) 問　題

1. 飽和食塩水を加えた理由を考察しなさい。
2. 炭酸ナトリウムは，どのような理由から加えたか？考察しなさい。
3. 無水塩化カルシウムは脱水の目的で加えられているが，他にどのような物質が脱水の目的で使用されているか，そのとき注意する点はどんな点か？考察しなさい。

   新化学実験講座（丸善）　基礎技術Ⅱ　参照

4. 酢酸エチルの沸点は 77 ℃なのに，どうして 72 ℃位に沸点が下がるのだろうか？考察しなさい。1 回の蒸留ではなかなかきれいに精製はできない。蒸留を繰り返して精製する方法に分留がある。これがどんなものか考えてみなさい。

5　融点測定と蒸留

【概　　要】

化学反応の実験では，反応器内にある原系・反応系の物質群から目的とした反応生成物を高純度で取り出すことが重要なポイントとなる。

いろいろな物質の混合物から目的とする物質を分離する過程は「拡散分離過程」と呼ばれ，その主な手法は，抽出・晶析・蒸留（分留）などである。反応生成物の分離にどのような過程が採用されるかは，その反応に固有である場合が多い。

取り出した物質の純度は，その物質の最も固有な物性（結晶なら融点，液体なら沸点など）で検証される。

【原　　理】

(1) 融点降下

純粋な物質Aに不揮発性の不純物Bが溶けている場合，その溶液状態における蒸気圧は図5.1のように純物質Aの蒸気圧より低くなる。

一方，固体状態では物質Aと物質Bはそれぞれ分離した相をつくるので，混合物固体の蒸気圧は純物質A固体の蒸気圧と等しい。

溶液状態における蒸気圧曲線が低圧側にシフトすることにより三重点が低温側にシフトし，融解曲線も低温側にシフトする。すなわち，物質 A 中に不純物 B を含む混合物の融点は，純物質 A の融点（凝固点）より低くなる。

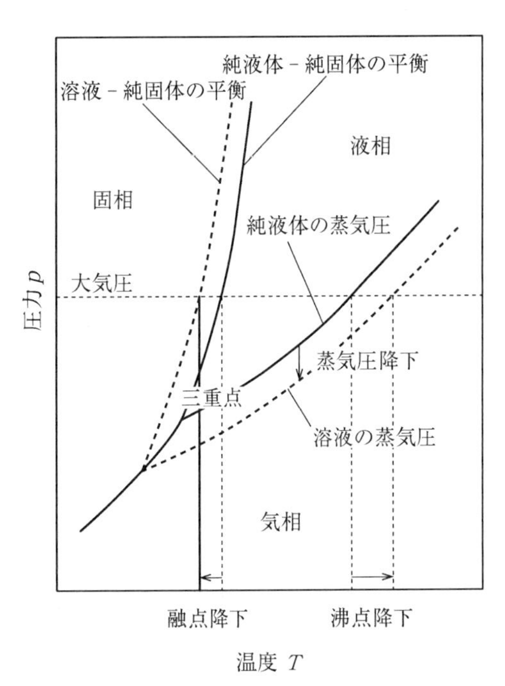

図 5.1　不揮発性の溶質を含む溶液の状態図

(2) 蒸留

蒸留は揮発性の差を利用して液体混合物（溶液）を分離する方法である。

蒸気圧の高い（低沸点の）液体 A と蒸気圧の低い（高沸点の）液体 B からなる溶液において，A－B 間の分子間力が A－A 間の分子間力，B－B 間の分子間力とあまり差がない場合（このような溶液を理想溶液という），このような溶液の蒸気圧 p は，純成分 A の蒸気圧を p_A，純成分 B の蒸気圧を p_B ($p_A > p_B$)とすると，$p_A > p > p_B$ となる。

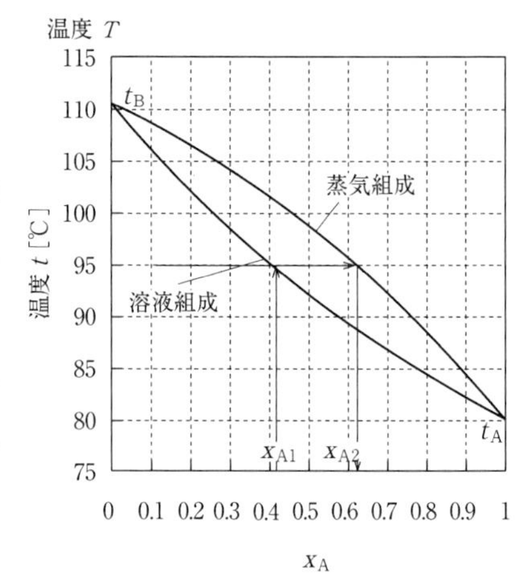

図 5.2 理想溶液に近い溶液の沸点図

また，このような溶液の沸点は図 5.2 のような組成依存性をもつ。すなわち成分 A のモル分率 x_{A1} の溶液の沸点 t は，純成分 A の沸点を t_A，純成分 B の沸点を t_B とすると，$t_A < t < t_B$ となる。溶液の沸点 t においてこの溶液と平衡にある蒸気中の成分 A のモル分率を x_{A2} とすると，蒸気中では溶液中よりも蒸気圧の高い成分 A の比率が高くなるので，$x_{A2} > x_{A1}$ となる。この蒸気相の温度を下げて液化させると，もとの溶液より低沸点成分 A の多い留分が得られる。

(3) 蒸留の原理の補足

蒸気圧の高い成分 A と蒸気圧の低い成分 B からなる溶液において，A－B 間の分子間力が A－A 間の分子間力，B－B 間の分子間力と大きく異なる場合，溶液の蒸気圧が純成分 A の蒸気圧より高くなったり($p > p_A > p_B$)，逆に純成分 B の蒸気圧より低くなったりすることがある（$p_A > p_B > p$）。

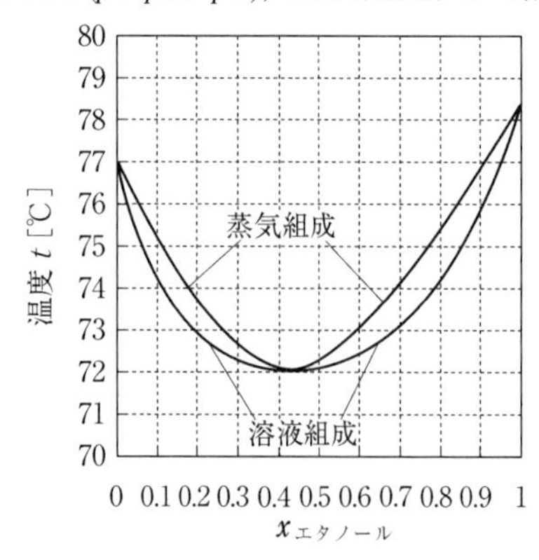

図 5.3 エタノール-酢酸エチルの沸点図

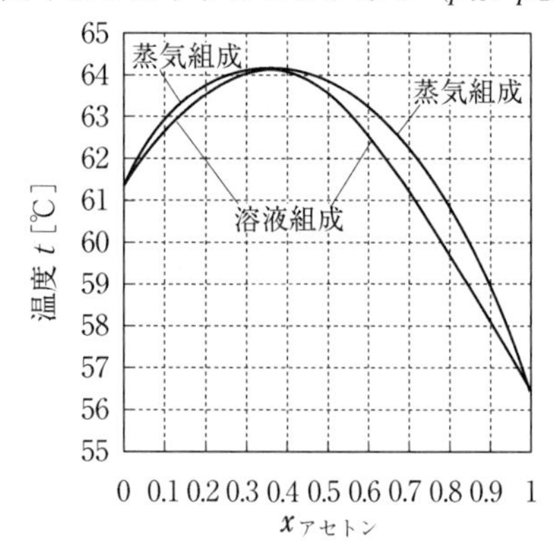

図 5.4 アセトン-クロロホルムの沸点図

これらの場合，溶液の沸点 t は特定の組成において極小値（$t<t_A<t_B$）や極大値（$t_A<t_B<t$）をもち，そのような溶液を共沸混合物という。共沸混合物の例を図 5.3，5.4 に示す。

【実験 1】アセトアニリド結晶の融点の測定

1．目的

再結晶により精製したアセトアニリドの純度を融点測定法により確認する。

2．実験方法

(1)　器具

融点測定器，ガラス管，毛細管，ヤスリ，素焼き板，スパチュラ（小），ピンセット，ブンゼンバーナー，ガス管，ビニールテープ，軍手

(2)　試薬

アセトアニリド（実験 3 で合成したもの）

(3)　操作

① 内径約 1 mm の毛細ガラス管を切断し，一端をバーナーで溶融して封じることにより長さ 7～8 cm の試料管を作る。

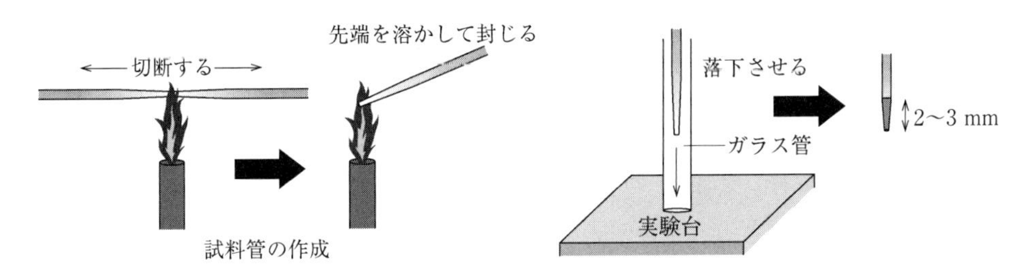

② 十分乾いた試料を素焼き板上で細かく粉末にし，これを試料管に押し込み，実験テーブル上に立てたガラス管内を，融閉部分を下にして落下させる。この落下時の衝撃によりアセトアニリドを毛細管の融閉部分の先端方向に移動させる。この操作を何度か行うことにより，アセトアニリドを高さ約 2～3 mm の層に固く充填する。

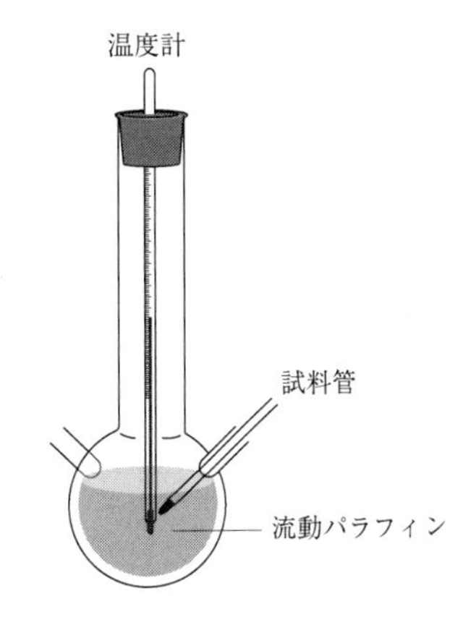

③ アセトアニリドを充填した試料管を，流動パラフィンを入れた融点測定器の球部の側管から挿入し，試料の入った部分がちょうど球部の中央近くに来るようにする。試料管の他の端をビニールテープで固定して，試料管が融点測定器の中へ落ち込んでしまわないようにする。

④ 融点測定器の球部を直火で加熱し，加熱速度が融点付近では 1 K/min 程度になるように調節する（はじめは速くてもよい）。

⑤ 温度が融点付近になると，まず試料管の壁に接しているところで試料が少し濡れたようになり，次いで液化し始める。融点は融け始めと融け終わりの温度を t_1～t_2（℃）と記録する（参考：アセトアニリドの融点は 115 ℃である）。

【実験 2】酢酸エチルの蒸留

1. 目的

蒸留の原理を理解し，実験 4 で合成した酢酸エチルの単蒸留を試みる。

2. 実験方法

(1) 器具

平底フラスコ，ト字管，分留用曲管，リービッヒ管，ジョイントクランプ，リービッヒアダプター，三角フラスコ（50 mL），ビーカー（100 mL），メスシリンダー（10 mL），マントルヒーター，スライダック，スタンド（2），クランプ（2），クランプホルダー（3），リング（板付き），温度計，沸騰石，保温材，ゴムホース（2）

(2) 試薬

酢酸エチル（実験 4 で合成したもの）

(3) 操作

① 蒸留装置を図 5.5 を参考にして組み立てる（組み立て時には，温度計は何を測ろうとしているのか，蒸留中の留分の流れはどうなるだろうか etc，考えてみること）。

② 実験 14 で合成した酢酸エチル（ねじ口ビンに保存していた液）を 100 mL の平底フラスコに移す（その際，加えてあった塩化カルシウムは平底フラスコに移さないようにする）。沸騰石を 2～3 粒入れる。平底フラスコをマントルヒーターにセットし，平底フラスコを保温材で被う。

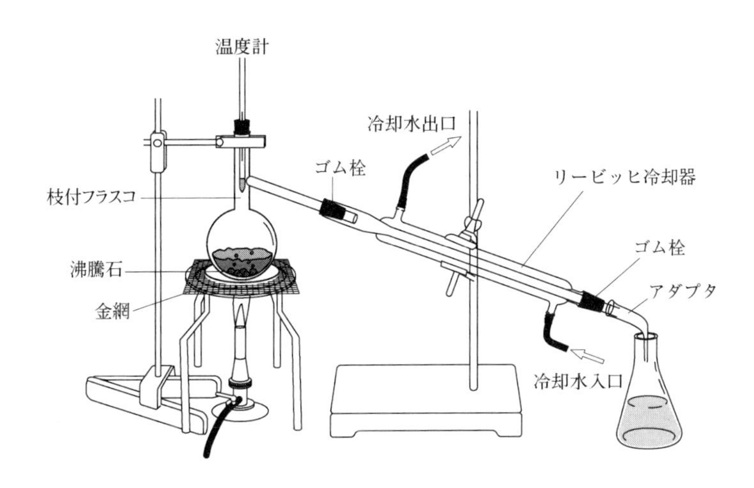

図 5.5 蒸留装置の組み立て方

③ 蒸留装置の組み立て状態を再確認してから電源を入れ，スライダックを 35 V 程度に設定して，留出速度が 1〜2 秒で 1 滴になるように調節して蒸留し，72〜77 ℃の留分（本留）を三角フラスコに採取する（本留の採り始めととり終わりの温度を記録しておくこと）。

④ 本留の容積を 10 mL メスシリンダーで測り，質量に換算してから最終収率を計算する。

注意！

留分のはじめの数滴（初留）はビーカーに分け採り，本留と区別する。また枝付きフラスコ内に液がなくなると残滓が炭化してしまうので，沸騰石が液面より上に出たら蒸留操作を停止する。

【問　　題】

1. 結晶に不純物が混入していると，その融点は純物質の融点より低くなる。その理由を説明しなさい。

2. 酢酸エチルの沸点は 77.1 ℃である。実験 2 における留分の沸騰温度から，どのようなことが考えられるか考察しなさい。

6　ペーパークロマトグラフィーによる無機イオン定性分析

【概　　要】

種々の色素を含んだ溶液を適当な吸着剤からなる層を通すと，移動する溶媒（移動相）に親和力の強い色素ほどよく動き，固定された吸着剤（固定相）に親和力の強い色素ほど動きが遅くなる。この結果，諸物質は分離され，色の斑点ができる。クロマトグラフィー（Chromatography）という名前は“色”からきている。すなわち，クロマトグラフィーは異なる相の界面において，化学種間の挙動の差を利用する点が特色である。そのうちで本実験で行うペーパークロマトグラフィーは，ロ紙を吸着剤（固定相）とする分配クロマトグラフィーと考えられるが，簡単で精度よく分離可能である点，化学種に本質的な変化を与えない点が特徴である。

試料をつけた点から溶媒上昇端までの長さ h〔cm〕と，各試料成分の移動距離 a〔cm〕を測定したとき，a/h を R_f と呼ぶが，この値は同一のろ紙，展開剤を用いた場合，一定温度においては各成分に特有である。従って R_f を測定すれば，その物質がいかなるものであるかを確認することができる。

【実　　験】

(1)　目　　的

クロマトグラフィーの原理を用いて，種々陽イオンを定性分析する。

(2)　実験方法

A.　器具

ペーパークロマトグラフ用展開装置，ろ紙（5 枚），ドライヤー，スプレー（ドラフト内），毛細管（5 本），メスシリンダー（10 mL，50 mL，100 mL），ビーカー（100 mL），ガラス棒，物差

B. 試薬

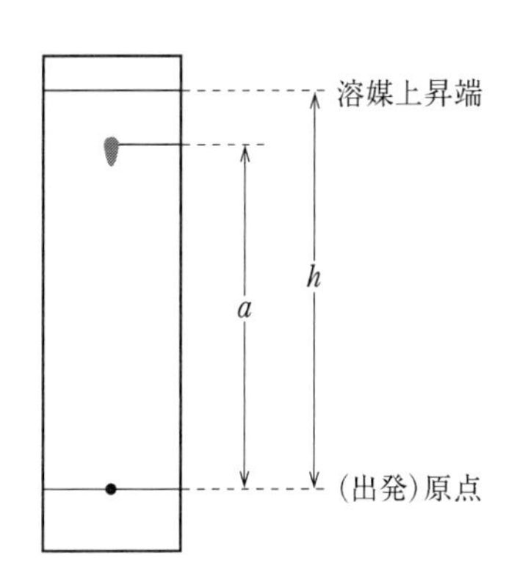

図 6.1 ペーパークロマトグラフィー

展開剤 (アセトン (50 mL), 塩酸 (5 mL))

発色剤 Fe^{3+} ：チオシアン酸アンモニウム (10 %水溶液 () 赤褐色)

Ni^{2+} ：ジメチルグリオキシム (0.1%アルコール溶液) とアンモニア水 (桃色)

Cu^{2+} ：アンモニア水 (濃青色)

Co^{2+} ：濃塩酸 (特別に用意せず) (淡青色)

試　料　各種標準陽イオン溶液 (Co^{2+}, Cu^{2+}, Ni^{2+}, Fe^{3+}) およびイオン混合溶液 (上記 4 種のイオンのうち, 2～3 種を含む)

C. 操作

① 短冊形のろ紙の下から 2 cm のところに鉛筆で (ボールペン不可) 線を引く (中心には引かない)。そこから 15 cm 上に線を引く。おもり (ガラス棒) をつける切れこみを入れる。サビやゴミ等でろ紙を汚さないように。

② 展開装置をセットする。ろ紙をつるしたときに, ろ紙同士が重ならないように。ろ紙がガラスに接触しないか確認する。

③ 展開液を三等分して試験管に入れる。すぐふたをして内を飽和蒸気圧にしておく (アセトンは揮発しやすく, 混ぜて放置しておくと組成が変化してしまうから注意すること。展開液はドラフト内で 3 本分まとめて調整すること, ビーカー使用)。

④ ろ紙の下から 2 cm のところに引いた線の中心に, 標準陽イオン溶液 (あるいはイオン混合溶液) を 1 枚に 1 種, 毛細管でスポットする。スポットは一度だけで直径 5 mm 位にする。別のろ紙でスポットの練習をしてもよい。

⑤ ドライヤーでスポットを乾燥しておく。

⑥ ろ紙を展開槽に入れて展開する (展開時間, 温度を記録しておくこと)。ろ紙の先端は展開液に浸すようにし, スポットした点は液に浸さないこと。

⑦ 展開剤上昇先端が 10 cm 以上移動したらろ紙を取り出し, 乾かないうちにこの先端に鉛筆

で印をつけておく。Co^{2+}は展開中に発色するので発色スポットの位置に直ちに印をつける。

⑧ 乾いてから（5分位）画板にはりつけ各発色剤をスプレーで吹きつける（ドラフト内で）。

（注）噴霧はろ紙から 30 cm 位はなして吹きつける。液が滴となってろ紙上を流れないように気をつける。発色スポットは時間がたつと消失することがあるから，直ちに鉛筆で印をつけておく。

⑨ R_f値を求める。

Co^{2+}，Cu^{2+}，Ni^{2+}，Fe^{3+}の標準液についてR_f値を求めて各呈色液に対する発色状態などと共に一覧表にする。

⑩ ⑨の結果を参考にして，イオン混合液中にどのイオンが含まれているか調べる。R_f値も確かめる。

（注）最初に個々のイオン溶液を用いて展開したろ紙に，発色剤を噴霧する。あらかじめ各イオンの移動距離を予測してから，イオン混合溶液を展開したろ紙にそれぞれの発色剤を予想される位置に噴霧すること。発色剤をろ紙全体に噴霧すると，発色剤同士が反応して予期した色がでなくなる。1つ噴霧したら，ドライヤーで乾かしてから次のを噴霧する。

(3) 問　題

1. 発色剤をスプレーすると，どうして発色するのだろうか考えてみよう。

2. 他にどんなクロマトグラフィーがあるか。それぞれの固定相，移動相は何ですか。

参考書

Lederer，E., Lederer，M., “Chromatography” Elsevier，桑田智訳「クロマトグラフィー」広川書店

【概要の補足】

クロマトグラフィーでは前述の通り，固定相と移動相における物質の親和力の差から物質の分離を行う。今，固定相を図6.2のように等区間に分割し，固定相（F）と移動相（M）との間に物質 a が等量ずつ分配される（分配係数が1であるという）ものとする。

最初に物質 a が固定相の $\ell = 1$ の区間に 1 あると考え，この上を移動相が段階的に進むと考える。区間ℓにおける固定相及びその上の移動相での a の存在量をそれぞれ

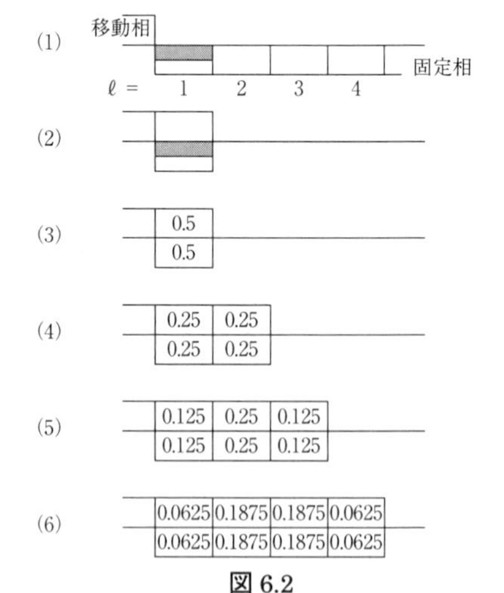

図 6.2

$a_F(\ell)$, $a_M(\ell)$とすると，図 6.2(1)では最初は $a_F(1) = 1$, $a_F(\ell) = 0$,（$\ell = 2$, 3‥‥‥）である。M が 1 つ移動した瞬間を考えると（図 6.2(2)），$a_F(1) = 1$, $a_M(1) = 0$ である。

これがFとMの親和力によって等量ずつ分配され，$a_F(1) = 0.5$, $a_M(1) = 0.5$ となる（図 6.2(3))。この操作を 2〜4 回と行ったのが図 6.2(4)〜(6)で，a が M の移動と共に移動している。

FとMに対する分配係数がそれぞれ 1/9，1，9 の物質，x，y，z に対して，以上の操作を繰り返すと，図 6.3 に示すように x，y，z の分離が行われる。

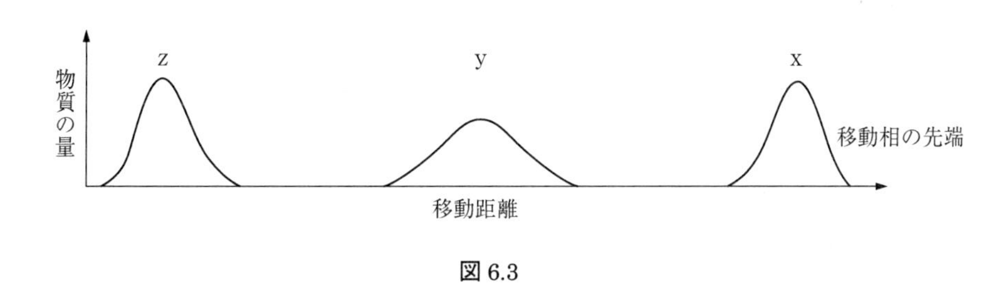

図 6.3

クロマトグラフィーを分類すると

A. 移動相による分類

i）液体クロマトグラフィー
ii）ガスクロマトグラフィー

B. 固定相による分類

i）カラムクロマトグラフィー
ii）ペーパークロマトグラフィー
iii）薄層クロマトグラフィー　他

C. 分離機構による分類

i）吸着クロマトグラフィー
ii）分配クロマトグラフィー
iii）イオン交換クロマトグラフィー
iv）分子ふるいクロマトグラフィー
v）アフィニティークロマトグラフィー　他

本実験で行う無機イオンのペーパークロマトグラフィーは，固定相としてろ紙（正確にはろ紙に吸着された水相），移動相として有機溶媒を考え，両相に対する種々イオンの分配率の相違に基づく分配クロマトグラフィーと考えられている。

7　銅の比色定量分析

【概　　要】

比色分析とは，試料中の目的成分に関連した色調の濃淡（正確には光の吸収）によって定量する分析法で，主として液体において用いられる。微量の濃度（10^{-3} M～10^{-5} M）を迅速に定量することができるのが特長である。

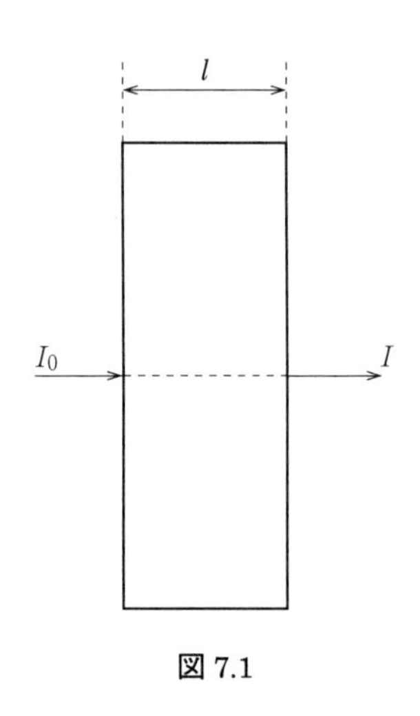

図 7.1

この分析法を理解するために，硫酸銅溶液について考えてみる。硫酸銅の溶液は明るい所では青い色に見えるが，暗室で見ると青色を発していない。従って，硫酸銅溶液が青色に見えるのは，青色以外の光を吸収しているからであることがわかる。この青色は硫酸銅溶液の濃度が高いほど，また観察している液層の厚さが大きいほど色も濃くなる。このような物質による，光吸収の大きさを定量的に扱うために，光強度の I_0 の単色光が溶質濃度 c の溶液内を通過する場合を考える。図 7.1 を参考にして，入射面からの距離 x 及び $x+dx$ での光強度をそれぞれ I 及び $I-dI$ とすると，

$$-dI = k \cdot c \cdot I \cdot dx \tag{1}$$

の関係が成り立つ。ただし，k は比例定数である。この式を積分すると，

$$-\ln I = k \cdot c \cdot x + B \tag{2}$$

になる（B は積分定数)。更に入射光強度（$x=0$ での光強度）を I_0 とすると，(2)式より

$$-\ln I_0 = B \tag{3}$$

となり，光が通過する溶液の距離を l とすると，

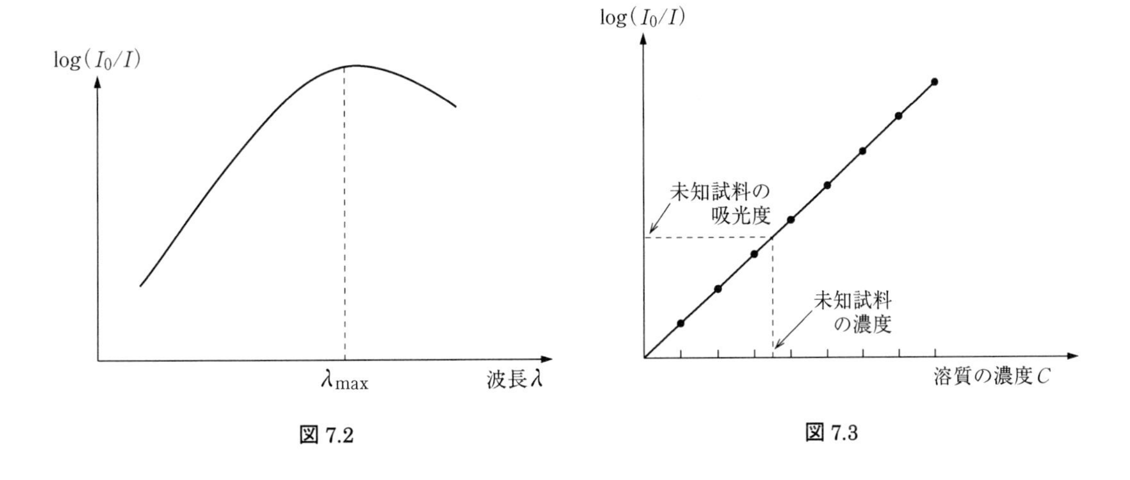

図 7.2　　　　**図 7.3**

$$I = I_0\, e^{-k \cdot c \cdot l} \tag{4}$$

が成り立つ。この(4)式の関係を Lambert–Beer の法則という。$\log e = 1/2.303$ を用いて(4)式を書き直すと，

$$\log(I_0/I) = (k/2.303) \cdot c \cdot l = \varepsilon \cdot c \cdot l \tag{5}$$

で，ε（$= k/2.303$）は溶質分子の光に対する吸収のしやすさを表すもので，c がモル濃度で与えられたとき，モル吸光係数という。また I/I_0 は透過度（T），$\log(I_0/I)$は吸光度（A）と呼ぶ。同じセルで同じ試料系で測定する限り，吸光度は吸光係数（ε）に比例する。ただし，実験的には I が検出されるのであり，光を吸収する成分（溶質）を含まない溶媒を用いたときの透過光強度 I を I_0 と等しいものとみなす。

ところで，ε は光の波長 λ により変化することが知られている。硫酸銅水溶液の場合について調べてみると，ε は，波長に対して，図 7.2 に示すようになる。このような ε の波長依存性から，硫酸銅水溶液が青色をしているのは，青色以外の波長での ε が大きく，青色の波長（450～480 nm）での ε が小さいことによる，ということが理解される。

比色分析の一般的な実験手順を以下に記す。

① 溶質の濃度を一定にし，波長をかえて，吸光度を測定する。

② 測定波長を一定にし，溶質濃度をかえて吸光度を測定する。①の結果を縦軸に吸光度（あるいは ε），横軸に波長をとって，グラフに書くと，吸収スペクトルが得られ（図 7.2），②の結果を縦軸に吸光度，横軸に濃度をとってグラフに書くと，吸光度が濃度 c に比例した直線（検量線）が得られる（図 7.3）。

一般に比色定量分析で濃度未知の試料を分析するには，濃度がわかっている試料（標準溶液）数種類の吸光度を測定し，図 7.3 の検量線を作成する。

③ 次いで未知試料の吸光度を測定し，図 7.3 に示した点数のように未知試料の濃度を決定する。

この検量線の傾きは，吸収スペクトルでの吸光度が一番大きい波長（λ_{max}）が一番大きい。検量線を作成する際，λ_{max} で測定する理由は各自考えること（問題 1 参照）。

（注）本実験では λ_{max} は 600 nm 付近となる。

本実験においては，まず種々の濃度の硫酸銅溶液を調製し，測定感度をあげるために一定量のアンモニア水を加えて $[Cu(NH_3)_4]^{2+}$ の青色を発色させる。吸収極大の波長に合わせて，硫酸銅溶液中の銅濃度と吸光度の関係（検量線）を調べておく。この検量線を利用して，銅濃度が未知の溶液の濃度を，吸光度を測定することによって求める。

【実　験】

(1) 目　的

比色法を用いて硫酸銅溶液中の銅イオンの濃度を定量する。

(2) 実験方法

A．器具

分光光度計，セル 9 本，ビーカー（50 mL），三角フラスコ（50 mL，9 個），メスピペット 10 mL（1 本），メートルグラス 10 mL（1 本），メスフラスコ 25 mL（1 本），100 mL（1 本），駒込ピペット（1 mL，1）スパチュラ，ロート，ガラス棒，セルたて，ホールピペット 5 mL (1)，コニカルビーカー

（硫酸銅 0.5 %標準液用）100 mL(1)，電子天秤，ピペット台

B. 試薬

試薬硫酸銅（5 水和物），アンモニア水（6 M）

C. 分光光度計の扱い方

① 電源スイッチ（装置前面の左側のつまみ）を時計方向に回し，スペクトロニックエデュケーターの電源を入れる。ランプと検出器が安定するまで最低 15 分間のウォームアップを行う。

② %T/A 選択スイッチで吸光度のモードを選ぶ。

③ 波長コントロールを回し，分析波長を λ_{max}（600 nm）にする。

④ 試験管の 2/3 まで対照液を入れ，ティシュで試験管の水，ほこり，指紋を拭き取る。

（注）対照液とは溶媒のみを含む液のことである（次頁 D③（注）参照）

⑤ 試験管をサンプル室に入れ，試験管のガイド・マークとサンプル室前面のガイド・マークを合わせる。試験管はしっかりと差し込み抑える。

⑥ サンプル室のカバーを閉める。

⑦ 装置前面の右側の透過率吸光度コントロールを回し，表示を 0.00 A に調整する。

⑧ サンプル室から試験管を取り出す。

⑨ 試料の入った試験管（2/3 まで試料を入れる）を丁寧に拭く（試験管がぬれていたら共洗いすること。）

⑩ 試験管をサンプル室に入れ，ガイド・マークを合わせる。

⑪ サンプル室のカバーを閉める。

⑫ デジタル表示で A（吸光度）を読む。

⑬ 試験管をサンプル室から出し，他のサンプルでも手順⑨から⑫を繰り返し行う。

D. 銅アンモニア錯イオン溶液の調製

硫酸銅 $CuSO_4 \cdot 5H_2O$ 0.5 %標準液をアンモニア水（6 M）で希釈し，硫酸銅（5 水和物）として 0.05，0.10，……，0.35 %の溶液を調製する。

① 試薬の硫酸銅 0.5 g を秤量瓶で精密に秤量して，100 mL メスフラスコを用い，脱イオン水で正確に 100 mL にする。

② 10 mL メスピペットを用い，上記 0.5％硫酸銅溶液 2.5 mL を 25 mL のメスフラスコにとり，6 M アンモニア水をメートルグラスで 5 mL とって加え，よく振り混ぜる。これに脱イオン水を加えて正確に 25 mL にする（0.05 ％溶液の調製）。

③ これを 50 mL 三角フラスコに移し，あいたメスフラスコを脱イオン水で 2，3 度洗ってから，同じメスフラスコを用い，②の操作にならって 0.5％硫酸銅溶液をメスピペットで順次 5.0，7.5，……，17.5 mL とり，アンモニア水 5mL と脱イオン水を加え 25 mL とし，0.10，0.15，……，0.35 ％溶液を調製する。

（注）本実験の 0.00 A 合わせに用いる対照液とはこの場合，硫酸銅を入れないで 6 M アンモニア水 5 mL に，脱イオン水を加えて 25 mL にしたものである。

表 7.1 検量線用溶液の作成

$CuSO_4 \cdot 5H_2O$ の濃度（％）	0.5％ $CuSO_4 \cdot 5H_2O$（mL）	6 M アンモニア水（mL）
0.00*	0.0	5
0.05	2.5	5
0.10	5.0	5
0.15	7.5	5
0.20	10.0	5
0.25	12.5	5
0.30	15.0	5
0.35	17.5	5

表 7.2 色と波長の関係

およその波長範囲（nm）	色	余 色
400～450	菫	黄 緑
450～480	青	黄
480～490	緑 青	ダイダイ
490～500	青 緑	赤
500～560	緑	赤 紫
560～575	黄 緑	紫
575～590	黄	青
590～625	ダイダイ	緑 青
625～750	赤	青 緑

＊ 対照液
表に示した液量を 25 mL メスフラスコに計りとり，蒸留水を加えて希釈する。

E. 検量線の作成

波長を 600 nm に固定して，0.05 %，……，0.35 %溶液の吸光度を測定する。これをグラフ用紙に記入し，最小二乗法を用いて直線を引く（52 ページ注 1 参照）。ただし，グラフは縦軸に吸光度，横軸には硫酸銅の濃度を銅濃度に換算してとること。

F. 未知試料中の Cu^{2+} 濃度の定量

① 未知試料溶液を用い，操作 D の②にならって 25 mL メスフラスコに上記溶液を 5 mL ホールピペットでとり，6 M アンモニア水と脱イオン水で正確に 25 mL にする。

② この溶液の吸光度を *E* で測定したのと同じ波長で測り，検量線を利用して銅の濃度を求める。

G. 銅の比色定量分析のレポートで注意する点

1. 実験器具のイラストなどは書かないこと。報告を受ける側はそのようなことはわかっているので，正しい器具名を方法のところに書けば十分である。

2. 未知試料溶液の銅のモル濃度は，0.1（mol/L）以下（試料番号により異なる）になるはずである。検量線のモル濃度の算出方法は，下記を参考に最小二乗法を用いて行うこと（有効数字は吸光度の測定桁の 2 桁になる。従って，0.0＊＊mol/L と書く）。

3. 結果の部分には検量線から求めた濃度を 5 倍して，未知試料原液のモル濃度を試料番号とともにはっきり書くこと。

4. モル濃度の算出など，結果の評価に用いた式はすべてレポートに書くこと。

5. 検量線のグラフは，本書 p.122 のグラフの書き方の注意を守ること。

6. 考察は少なくとも 1 頁は書くこと。感想文や反省文は書かないこと。参考にした図書があれば参考文献として書名をリストすること。

7. **提出期限を厳守すること**

<参考>銅の比色定量分析モル濃度の算出

1. 0.5%溶液の銅溶液（原液のモル濃度）［ここでは有効数字3桁以上］

$$c_{原} = \frac{m}{F_w \times 0.1000} [\mathrm{mol/L}]$$

m　　：硫酸銅五水和物結晶の秤量値〔g〕

Fw　　：硫酸銅五水和物の式量（249.69）

0.1000：溶液体積 ＝ メスフラスコ容量〔L〕

2. 各検量線溶液のモル濃度

$$c_{検} = c_{原} \times \frac{v}{25.00} [\mathrm{mol/L}]$$

v：溶液調製時に加えた0.5%溶液量〔mL〕

3. 検量線に対して Y＝aX 型の最小二乗法（注1）を適用し，求めた傾き a から未知試料発色液のモル濃度を求め，5倍して原液濃度を求める。

（注1）最小二乗法について

たとえば，N回実験をして，（X_i，Y_i：i＝1～N）の結果を得たとする。この実験の X と Y との関係を，

Y＝aX

という関数関係で，グラフ上などに表現したいとする。

このようなときには N 個の測定点について，全体として誤差が最小になるように直線を引き，そのときの傾き a の値を決めたい。このような a の値を求める操作を最小二乗法，あるいは残差平方和の方法という。

N個の測定値（X_i，Y_i：i＝1～N）があるとする。測定値 Y_i と関数関係で予想される値 aX_i の値との差，$\Delta S_i = Y_i - aX_i$ を誤差と呼ぶが，この値の自乗の総和 S を最小にするように a の値を選ぶ，というのが数学上の問題である。

$$S = -2\sum_{i=1}^{N}(\Delta S_i)^2 = \sum_{i=1}^{N}(Y_i - aX_i)^2 = \sum_{i=1}^{N}(Y_i)^2 - 2a\sum_{i=1}^{N}(X_i)(Y_i) + a^2\sum_{i=1}^{N}(X_i)^2 \tag{1}$$

このSを最小にする a の値を求めるのであるから，条件は

$$\frac{dS}{da} = -2\sum_{i=1}^{N}(X_i)(Y_i) + 2a\sum_{i=1}^{N}(X_i)^2 = 0 \tag{2}$$

であるので，もとめる a の値は

$$a = \frac{\sum_{i=1}^{N}(X_i)(Y_i)}{\sum_{i=1}^{N}(X_i)^2} = \frac{X_1Y_1 + X_2Y_2 + \cdots}{X_1^2 + X_2^2 + \cdots} \tag{3}$$

となる。

(3) 問　　題

1. 吸光度の一番大きい波長にあわせた理由を考えてみなさい。

参考書

斉藤信房，「大学実習分析化学」，裳華房

8　陽イオン定性分析

【概　　要】

陽イオンと陰イオンがイオン結合してできる電気的に中性な化合物を一般に塩と呼び，その結晶や溶液は特有の色や性状を示す。同じ陽イオンから生成する塩でも，その水に対する溶解度は組み合わせる陰イオン（対イオン）により異なり，また同じ塩を生成させる場合でも液性（pH）によって溶解性は変わってくる。従って，陽イオン混合物は，pH や対イオンの組合せによる塩の溶解性の差を利用して順次沈殿，分離し，各イオン固有の反応や沈殿の色で固定することができる。

(1) 原　　理

難溶性金属塩 MA の溶解に際しては，以下の溶解平衡及び電離平衡が働く。

$$\mathrm{MA(固)} \overset{k_1}{\rightleftharpoons} \mathrm{(MA)(溶)} \overset{k_2}{\rightleftharpoons} M^+ + A^- \tag{1}$$

$$k_2 = \frac{[\mathrm{M}^+][\mathrm{A}^-]}{[\mathrm{(MA)(溶)}]} \tag{2}$$

ここで［X］は，平衡状態時の溶液中の X のモル濃度を表す。溶け残りが共存するとき，溶解した未電離塩（MX）（溶）の濃度は，飽和濃度であるので温度が一定なら一定である。従って，

$$[\mathrm{M}^+][\mathrm{A}^-] = k_2[\mathrm{(MA)(溶)}] = L_S：一定（温度一定）\tag{3}$$

定数 Ls を溶解度積といい，種々の塩の値が調べられている。すなわち塩を構成するイオン濃度の積が溶解度積を越えた分だけ沈殿を生じるのである。M^+ 濃度が低い場合でも，A^- 濃度を増せば MA の沈殿を増やすことができる。例えば，同じ対イオンを持つ溶解度積が大きな塩を加えると，それより溶解度積が小さな塩の沈殿が増す。これを**共通イオン効果**という。

ここで A^- との塩の溶解度積が異なるいくつかの金属イオン M^+，M'^+，M''^+ 混合溶液があり，これを分離する沈殿剤として同じ対イオンを持つ弱酸 HA を加えた場合を考えよう。(1)式の平衡と同時に次の電離平衡が働く。

$$HA \overset{k_A}{\rightleftharpoons} H^+ + A^- \quad (4)$$

$$k_A = \frac{[H^+][A^-]}{[(HA)]} \quad (5)$$

(3)式と(5)式から［A^-］を消去すると，M^+の飽和濃度を与える式が得られる。

$$[M^+] = \frac{L_{SMA}[H^+]}{k_A[HA]} \quad (6)$$

この式において，単に沈殿剤 HA の濃度を変えるだけでは［H^+］／k_A［HA］の値は大きく変えられないので，金属の種類によって大きな差がある $L_{S,MA}$ の値で［M^+］が決まり，沈殿する MA の種類は決まってしまう。しかし，他の酸，塩，塩基等を加えて緩衝作用により pH を調節すると，弱酸 HA がほとんど電離しないため，k_A［HA］は変化しないが，［H^+］は大きく変化する。従って，［H^+］を徐々に小さくしていく（pH を高める）ことによって，$L_{S,MA}$ の小さい塩から順次沈殿させることができる。

(2)　陽イオンの分類

同じ金属イオンでも相手の陰イオンによって溶解度積は大きく異なる。例えばCa^{2+}の場合，

NO_3^-＞Cl^-＞S_2^-，OH^-，SO_4^{2-}＞CO_3^{2-}

の順で，これらの陰イオンとの塩の溶解度積は小さくなる。従って，陽イオンは沈殿剤として加える陰イオンと，働かせる pH により，沈殿しやすいものから順に次のように分類されている。

第 1 族：酸性で塩化物を沈殿する。　{Ag^+，Hg_2^{2+}（第 1 水銀イオン），Pb^{2+}}
第 2 族：塩酸酸性で硫化物を沈殿する。　{Pb^{2+}，Bi^{3+}，Cu^{2+}，Cd^{2+}}
第 3 族：弱塩基性で水酸化物を沈殿する。　{Fe^{3+}，Al^{3+}，Cr^{3+}，Mn^{2+}}
第 4 族：弱酸性から弱塩基性で硫化物を沈殿する。　{Zn^{2+}，Ni^{2+}，Co^{2+}}
第 5 族：弱塩基性で炭酸塩を沈殿する。　{Ba^{2+}，Sr^{2+}，Ca^{2+}}
第 6 族：沈殿分離させることが困難である。　{Mg^{2+}，Na^+，K^+，NH_4^+}
（5 族，6 族の確認には炎色反応を併用する。）

(3)　定性分析基本操作

(a)　硫黄イオンの発生法

S^{2-}を試料溶液に導く方法として，古くからキップの装置を用いて発生させた H_2S を吹き込む方法が行われたが，人体に対する毒性が大きく事故が多発した。最近良く行われる Na_2S 溶液や$(NH_4)_2S$溶液を加える方法ではNa^+，NH_4^+の検出の妨げとなる。最近は，CH_3CSNH_2（チオアセト

アミド）溶液を用いる。チオアセトアミドは酸または塩基と加熱すると，加水分解により硫化水素を発生する。反応が遅く，有機硫黄化合物特有の不快臭があるという欠点がある。

(b) 沈殿の生成と洗浄

沈殿剤は多少過剰に加えた方が沈殿量が増すが，大過剰に加えると溶液濃度の低下や錯イオン形成反応をもたらし沈殿が溶解する場合がある。沈殿剤は沈殿管を掌にたたきつけ，振り混ぜながら 1 滴ずつ加え，上澄液に沈殿が増加しなくなれば加えるのをやめる。沈殿から共雑イオンを取り除くには沈殿に薄い沈殿剤溶液を少量加え，ガラス棒で良くかき混ぜた後，分離する。

(c) 沈殿の分離

A. 傾斜法（デカンテーション）：沈殿管に沈殿が沈降してから静かに，沈殿管を傾けて上澄液を除去する。

B. ろ過：定性ろ紙を用いロートで分離する方法で，多量の沈殿の分離の際に行う。

C. 遠心分離：セミミクロ分析で行われる。沈殿管中に生成した沈殿溶液を遠心機にかけてから底に固まった沈殿と上部の溶液を傾斜法で分ける。

(d)試験管の加熱法

湯浴で行うのが安全であるが，残存ガスなどを追い出す場合は直接加熱し沸騰させる。その際，試験管の口は人のいない方に向けやや斜めに傾けて，絶えず振り混ぜながら小さな炎で加熱する。沸騰したらコツコツとした感触が指先に伝わるのでわかる。

【実　験】

(1) 目　的

硫化水素を用いなくても分析できる第 1 族，および 3 族陽イオン混合未知試料溶液をセミミクロ法で系統分析し，試料に含まれているイオンを報告する。

(2) 実験方法

A. 器具

遠心分離機，10 mL 沈殿管（15，目盛付き 2），試験管立，試験管ばさみ，ガラス棒，ゴム栓，ミクロスパチュラ，洗ビン，ポリスポイドビン，細口ガラス試薬ビン，100 mL ビーカー，三脚，セラミック金網，バーナー，蒸発皿

B. 試薬

6M−HCl，1M−HCl，15M−NH_3 水（NH_4OH とも書く），6M−NH_3 水，sat.−NH_4C（sat.：飽和），1M−$(NH_4)_2CO_3$，6M−CH_3COOH，1M−CH_3COONH_4，6M−HNO_3，6M−NaOH，0.05M−

$(CH_3COO)_2Pb$，0.5M–K_2CrO_2 (クロム酸カリウム)，0.5M–$SnCl_2$，5%–NaOC (1 次亜塩素酸ナトリウム)，3%–H_2O_2，0.02M–$K_4[Fe(CN)_6]$（ヘキサシアノ鉄(II)酸カリウム），sat.–CH_3CSNH_2(チオアセトアミド)，KNO_2 結晶（亜硝酸カリウム），0.2%–アルミノン試薬，1%–ジメチルグリオキシム，0.2%–フェノールフタレイン溶液，ユニバーサル pH 試験紙

（注 1）各自のテーブル上のポリスポイドビンとスリ栓付き細口ビンに入った試薬は，テーブルまたは 2 班で共用し，少なくなったら化学式を良く確認してから良く洗った小ロートを使って試薬を補充する。

（注 2）濃度のうすい試薬が準備されていない場合は，濃い試薬を試験管に取り，各自で希釈して加える。(例：2 M 試薬は 6 M 試薬を 3 倍に希釈する)

（注 3）強アルカリ溶液は，ガラスを侵すので保存にはポリエチレン容器を使用する。

C．未知試料溶液

数種の金属イオンの硝酸塩を 0.05～0. 2 mol/L 含んでいる。溶液 2 mL は失敗したときに備え，二分して用いる。

D．CN–8–1 型遠心機の使い方

① 遠心機の蓋を開け，ローターのポケットに沈殿管を差し込み，その対角線上のポケットにも必ず試料と同じ液量の水を入れた沈殿管を差し込み，バランスを取る。

② 蓋をしてスイッチを ON にして 30 秒間分離する（約 3000 rpm で回るので注意する）。

③ 時間が経ったらスイッチを OFF にして，回転が止まってから蓋を開けて沈殿管を取り出す。

（注）振動が大きく，遠心機が動く場合は直ちにスイッチを止めバランスを取り直す。

E．操作

第 1 族と 3 族の入った未知試料溶液 2 mL を二分し，1 mL について以下（a）と（b）の方法で分析する。(残りの 1 mL は失敗した場合の再実験に使用する)

(a) 第1族陽イオン分析操作法

① **試料溶液**：[Ag^+, Hg_2^{2+}, Pb^{2+}]

試料溶液1 mLを沈殿管に取り，6 M-HClを2滴加え振り混ぜ，湯浴で少し暖める。さらに1M-HClを沈殿が増加しなくなるまで1滴ずつ加え，かき混ぜ，冷やしてから遠心分離する。

沈殿を1 M-HCl 1 mLで1回洗浄し，遠心分離し，洗液は先に分離した溶液に加える。

② **沈殿**：[$AgCl_2$, Hg_2Cl_2, $PbCl_2$]

沈殿に脱イオン水でつくった熱湯を1 mL加え，湯浴で加熱した$PbCl_2$を溶かし，冷めないうちに遠心分離する。残りの沈殿に再び熱湯を1 mL加え，同じ作業を行う。2回の溶液部は合わせてPb^{2+}の検出に用いる。

溶液：第3族の陽イオン分析に用いる。

[(b)の①へ進む]

④ **残さ**[1]：[$AgCl$, Hg_2Cl_2]

残さに脱イオン水で作った熱湯を3 mL注いで遠心分離し，上澄液($PbCl_2$の未溶部)を除く[2]。残さに15 M-NH_3水を5滴加え，AgClを溶解し遠心分離する(このとき，残さが黒変すれば遊離Hgによるものである)。

③ **溶液**：[Pb^{2+}]

多量のPbCl2があれば冷却時，針状結晶を析出する。溶液1 mL当り1 M-CH_3COONH_4を4滴加えてから，0.5 M-K_2CrO_4を1～2滴加える。$PbCrO_4$の黄色沈殿が生じればPb^{2+}の存在を示す。

(注1) 残さとは，沈殿のうち試薬と反応しなかった溶け残り。

(注2) 上澄液は廃液として処理する。

⑤ **残さ**：[$Hg(NH_2)Cl+Hg$]

残さに5%-NaOClを6滴と6 M-HClを2滴加え，振り混ぜ残さを溶解する。水を2 mL加え煮沸し，残さがあれば遠心分離し，上澄み液1 mLに0.5 M-$SnCl_2$を1滴加える。遊離Hgと$HgCl_2$の灰白沈殿を生じればHg_2^{2+}の存在を示す。

⑥ **溶液**：[$Ag(NH_3)_2]^+$

フェノールフタレイン指示薬を1滴加え，6 M-HClを中和(赤色が消失)するまで加える。白色沈殿AgClを再生すればAg^+の存在を示す。

(b)第 3 族陽イオン分析操作法（Mn^{2+}が含まれない場合の方法）

① **試料溶液**：[Fe^{3+}, Al^{3+}, Cr^{3+}]

(a)の①で分けた溶液に sat.-NH_4Cl を 5 滴加え，15 M-NH_3 水で中和 [3)]後，さらに 15 M-NH_3 水を 4 滴加える。振り混ぜた後，湯浴で煮沸し遠心分離する。

② **沈殿**：[$Fe(OH)_3$, $Cr(OH)_3$, $Al(OH)_3$]

沈殿に水 1 mL を加え，6 M-NaOH を 5 滴と 3%-H_2O_2 を 0.5 mL 加えガラス棒でかき混ぜた後，湯浴中で 3 分間煮沸する。流水で冷却後，遠心分離する。

③ **溶液**：15 M-NH_3 水 1 滴 [4)]を加え，沈殿が生じないことを確認(第 4 族以下の分析に使用)。

⑤ **溶液**：[AlO^{2-}, CrO_4^{2-}]

溶液にフェノールフタレイン指示薬を 2 滴加える(塩基性だから赤色)。中和するまで 6 M-CH_3CO_2H を加え，赤色が消えたらさらに 5 滴過剰に加える。振り混ぜて溶液を二等分する。[溶液 A, 溶液 B]

⑥ [**溶液 A**]：溶液に 0.05 M-$(CH_3CO_2)_2Pb$ を 1，2 滴加える。$PbCrO_4$ の黄色沈殿を生じれば，Cr^{3+}の存在を示す。

⑦ [**溶液 B**]：溶液に 0.2%アルミノン試薬を 3 滴加え，湯浴中で 2 分間加温してから溶液に 1 M-$(NH_4)_2CO_3$ を 2 滴加える。赤色レーキの沈殿が生じれば，Al^{3+}の存在を示す。このとき，Al^{3+}量が少ないと沈殿せず赤色溶液となる。Al^{3+}が存在しない場合は，溶液は褐色のままである。

④ **沈殿**：$Fe(OH)_3$

沈殿に水 2 mL を加えてかき混ぜ洗浄後，遠心分離する。沈殿に 6 M-HNO_3 を 6 滴加え溶解し，さらに 0.02 M-$K_4[Fe(CN)_6]$を加える。溶液が濃青色となれば，Fe^{3+}の存在を示す。

(注 3) 万能 pH 試験紙で確認する(F. 実験上の注意の項参照)。

(注 4) 4 族以下の分析を行わないときは 15 M-NH_3 水 1 滴加え，3 族の沈殿の完結を確認する。

F.　実験上の注意

(a)　廃液の取扱い

この実験で出る廃液は，重金属を含み有害であるので絶対に流しに捨ててはならない。特に水銀イオンや水銀化合物を含む廃液 {E.(b)の操作④⑤⑥の溶液及び沈殿} は，1 次洗浄水と共に別の容器に回収する。

(b)　器具の洗浄

沈殿管はブラシにクレンザーをつけ良く洗った後，水道水で数回すすぎ，最後に脱イオン水で 1 回すすいで，試験管立てに逆さに立てておく。

(c)　pH の確認法

陽イオン溶液は電極を汚すので，pH の確認には pH メータを使用せず，万能 pH 試験紙またはリトマス試験紙を用いる。弱塩基や弱酸による中和では，リトマス紙の変色域まで pH が変化しないので万能 pH 試験紙を用いる。これら試験紙は，1 cm ぐらいを切りとって，これにガラス棒に付着させた溶液をつけるか，ピンセットで溶液につける。

(3) 問　題

1. すべてのイオンを含む場合，各操作段階で生じる反応の反応式を書きなさい。
2. 銀イオンを 1 M–HCl で沈殿させ，溶液中に残存する銀イオンより 10 倍過剰に塩素イオンを加えた場合，残存銀イオンの濃度は何 mol/L ですか。ただし，室温における塩化銀の溶解度積は常温で $1.8\times10^{-10}\,(\mathrm{mol/L})^2$ である。
3. 1 族陽イオンに 3 族及び 4 族の沈殿剤を加えるとどのような変化が起きますか。
4. 緩衝溶液とはどのような溶液か，また本実験において，緩衝作用を働かせるために加えている試薬をすべて書き出しなさい。

参考書

阿藤質，「分析化学」，培風館

浅田誠一，内田茂，小林基宏，「図解とフローチャートによる定性分析」，技報堂出版

Ⅲ　実験結果の統計処理と表・グラフの表し方

1 実験データの統計処理

(1) 有効数字

測定によって得られた数値は，測定器具その他により，信頼しうる限度が定まっている。例えば，ビュレットを用いて体積を測定する場合を考える。ビュレットには 1/10 mL まで目盛がしてあり，測定ではさらに，そのまた 1/10，すなわち 1/100 mL まで目測で読み取る。この読みが，25.52 であったとすると，このときの有効数字は 4 桁であるという。さらに，滴定を行ったのちのビュレットの目盛を読んで，34.72 を得たとする。このとき滴下した液量は 34.72－25.52 ＝ 9.20 mL である。この場合の有効数字は 3 桁であり，これを 9.2 mL あるいは 9.200 mL と書くのは正しくない。前者は有効数字 2 桁で 1/10 mL までの信頼度しかないことを示し，後者は有効数字 4 桁で 1/1000 mL までの信頼度があることを示している。

すなわち，実験結果は確実な測定値を表す数値全部と，幾分不確実な数字 1 つを加えた有効数字で表される。

10 mL のピペットの公差は 0.02 mL であるから，10 mL のピペットを用いて体積を測定したときは，10.00 ± 0.02 mL あるいは簡単に 10.00 mL と書く。これを 10 mL と書くのは正しくない。

(2) 計算値の精度と相対誤差

有効数字は，測定の精度を表すのに簡単で便利な方法であるが，たかだか桁数を問題にしているのみで，誤差を数量的に表現したものとはいえない。例えば，有効数字 4 桁と称しても，99.99 ±
0.01
の場合もあれば，10.00 ± 0.03 の場合もある。

種々の測定値から乗除によって数値を算出する場合，求めた結果の信頼度を有効数字だけから判断することはできない。滴定によって濃度を求める場合について考えよう。

濃度 0.1023 M の水酸化ナトリウムの溶液を標準溶液として，塩酸を 10 mL のホールピペットでとり滴定したところ，10.35 mL の標準溶液を要したとする。塩酸の濃度は

$$\frac{0.1023 \times 10.35}{10.00} = 0.1058805 \cdots [\mathrm{M}]$$

となる。しかしながら，用いた数値にはそれぞれ 0.1023 ± 0.00005（最後の桁を四捨五入してある），10.35 ± 0.02（ビュレットのおのおのの読みの誤差を 0.01 とする）及び 10.00 ± 0.02（10 mL ピペットの公差）の誤差があると考えねばならない。したがって，塩酸の濃度 C は 0.106349…≧ C ≧ 0.105413…の範囲にあることになり，0.1058805 と精しく書いても無意味である。この場合には 0.106 と有効数字 3 桁で書くのが妥当である。ただし，この塩酸の濃度をさらに次の計算に用いる場合には，0.1059 として四捨五入により誤差を増さないようにしなければならない。

ある量 a の誤差を Δa とすると，$\frac{\Delta a}{a}$を相対誤差という。上記のような乗除の計算では相対誤差を用いれば，誤差の数量的な取扱いができる。

今，測定する量を a，b，c とし，測定結果から，

$$r = \frac{ab}{c} \qquad (1)$$

を計算で求める場合を考える。

Δa，Δb，Δc（すべて正と仮定）をそれぞれ a，b，c の測定の際に考えられる絶対誤差，その結果生じる r における誤差の最大値を Δr（正と仮定）とすると，

$$r + \Delta r = \frac{(a + \Delta a)(b + \Delta b)}{c - \Delta c} \qquad (2)$$

となる。$\Delta a \cdot \Delta b$ は他の項に対して無視できること，また，$r = ab/c$ であることを考慮して，

$$r = \frac{ab + (\Delta a)b + a(\Delta b)}{c - \Delta c} - \frac{ab}{c} = \frac{(\Delta a)bc + (\Delta b)ac + (\Delta c)ab}{c(c - \Delta c)} \qquad (3)$$

となる。

ここで相対誤差 $\Delta r/r$ を求めると，

$$\frac{\Delta r}{r} = \frac{(\Delta a)bc + (\Delta b)ac + (\Delta c)ab}{ab(c - \Delta c)} \qquad (4)$$

となる。c に比べて Δc は非常に小さいとして，これを無視すると，

$$\frac{\Delta r}{r} = \frac{\Delta a}{a} + \frac{\Delta b}{b} + \frac{\Delta c}{c} \qquad (5)$$

なる関係が成り立つことになる。

すなわち，いくつかの測定値から乗除計算によってある量を求めようとする場合，計算値における相対誤差（の最大値）は，個々の測定値の相対誤差の和に等しくなる。

上記の滴定の例では，塩酸の濃度の相対誤差は，

$$\left|\frac{\Delta c}{c}\right| = \frac{0.00005}{0.1023} + \frac{0.02}{10.35} + \frac{0.02}{10.00}$$
$$\fallingdotseq 0.0005 + 0.0019 + 0.0020 = 0.0044 \quad (6)$$

となり，約0.5％の相対誤差があることになる。したがって，有効数字3桁という結論が得られる。

また，99.99 ± 0.01と10.00 ± 0.03について相対誤差を比較すれば，$0.01 \div 99.99 \fallingdotseq 10^{-4}$と$0.03 \div 10.00 = 3 \times 10^{-3}$となり1：30の大差がある。(5)式あるいは(6)式よりわかるように，各測定値の相対誤差がほぼ揃っていることが望ましい。相対誤差の大きいものが1個あると，求めた値の相対誤差はそれによって決まり，他の精度のよい測定は無意味となる。

(3) 平　均　値

測定においては，統計的誤差は避けられないが，このような誤差は多数の測定値の統計的処理によって少なくすることができる。統計的処理の最も簡単なものに，平均値の計算がある。

例えば，n回の滴定によって求めた塩酸の濃度をc_1，c_2，…，c_nとし，塩酸の真の濃度をc_0とすると，おのおのの測定の誤差Δc_iは$\Delta c_1 = c_1 - c_0$，$\Delta c_2 = c_2 - c_0$，…となる。n回の測定の平均値をcとすると，

$$c = \frac{c_1 + c_2 + \cdots + c_n}{n} = \frac{nc_0}{n} + \frac{\Delta c_1 + \Delta c_2 + \cdots + \Delta c_n}{n}$$
$$= c_0 + \frac{1}{n}\sum_{i=1}^{n} \Delta c_i \quad (7)$$

c_iはc_0のまわりにガウス分布するからΔc_iは正負に分かれて分布し，$1/n \times \Sigma \Delta c_i$は$n$が大きいと著しく小さくなる。

(4) 最小二乗法（method of least squares）

上の例で，おのおのの測定の誤差がΔc_1，Δc_2，…，Δc_nとなる確率Pは，

$$P = A^n \exp\{-B(\Delta c_1{}^2 + \Delta c_2{}^2 + \cdots + \Delta c_n{}^2)\} d(\Delta c_1) d(\Delta c_2) \cdots d(\Delta c_n) \quad (8)$$

となることが知られている。このような誤差を実際に生じたのは，Δc_1，Δc_2，…，Δc_n となる確率が最大であったためと考える。すなわち，統計的に考えて，Δc_1，Δc_2，…，Δc_n を生ずるような c の値が，c の最も確からしい値ということになる。このことは(8)式よりわかるように

$$S = \Delta c_1^2 + \Delta c_2^2 + \ldots + \Delta c_n^2 \qquad (9)$$

を最小にするような c の値を求めることになる。すなわち c_1，c_2，…，c_n から c の最確値を求めるには，誤差の二乗の和を最小にするようにすればよい。これを最小二乗法という。

塩酸の濃度を n 回の滴定で求めた場合，$\Sigma\Delta c_i = c_i - c$ と考えて(9)式より

$$\frac{\partial S}{\partial c} = 0 \quad \text{を求めると} \quad c = \frac{c_1 + c_2 + \cdots + c_n}{n} \qquad (10)$$

を得る。したがって，先の，平均値を求める方法は，“最小二乗法”にほかならない。

本文における反応速度や比色分析の場合のように A_0，β を定数として

$$A = A_0 + \beta B \qquad (11)$$

の関係が予想されるときには，B のいろいろの値に対して求めた A の値を A_1，A_2，A_n として，誤差 ΔA_i（$i = 1, 2, \ldots, n$）は，

$$\Delta A_i = A_i - (A_0 + \beta B_i) \qquad (12)$$

となる（図 1 を参照)。そこで，

$$S = (\Delta A_1)^2 + (\Delta A_2)^2 + \ldots + (\Delta A_n)^2 = \text{最小}$$

とする A_0，β を求めると

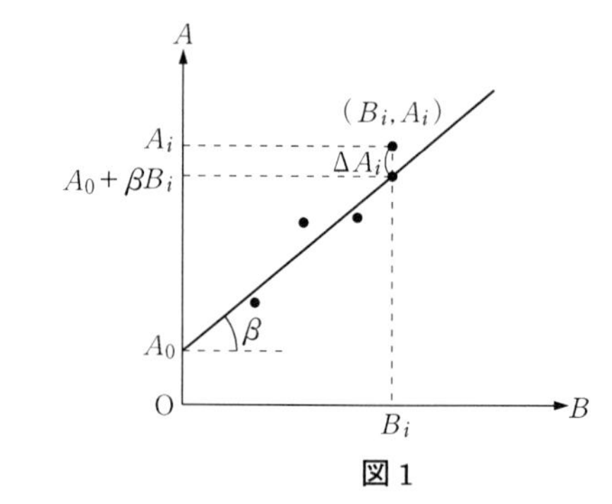

図 1

$$A_0 = \frac{(\sum B_i)(\sum A_i B_i) - (\sum A_i)(\sum B_i^2)}{(\sum B_i)^2 - n\sum B_i^2} \qquad (13)$$

$$\beta = \frac{(\sum A_i)(\sum B_i) - n(\sum A_i B_i)}{(\sum B_i)^2 - n\sum B_i^2} \qquad (14)$$

この計算は，n が多くなるとかなり面倒になる。グラフ用紙上の $A_i \sim B_i$ の各点から，各点がなるべく平等にそのまわりにちらばるような直線を引くと，これは $S = \Sigma(A_i)^2$ を最小とする直線を目測により求めたことに相当する。この直線の切片及び勾配より求めた A_0，β の値は，点の数が多いと，(13)，(14)式から計算により求めた値とかなりよく一致する。

(5) 測定誤差と検定

(a) 測定誤差

誤差とは真の値からのずれであるが，真の値とは抽象的概念であり，実験には必ず誤差がつきまとう。

この誤差（明らかな測定ミスによるものは，ここでは問題にしない）には，真の値からの測定値の偏り（accuracy）と関係する系統誤差と，真の値とは無関係に測定値のバラつき（precision）を意味する偶然誤差がある。

系統誤差としては，器具，試薬等に基づく誤差（器差），操作が不適当なために生ずる誤差（操作誤差），測定方法に基づく誤差（方法誤差），個人の感覚，習癖による誤差（個人誤差），等が考えられ，一般に補正によって除くことができる。

一方，偶然誤差とは，例えば同じ人が系統誤差に注意して，できるだけ同じ条件下で測定しても防ぐことのできない原因不明の偶発的な誤差である。しかし，偶然誤差による測定値のバラツキについては確率論的な取扱いができ，一連の測定値から最も確からしい値や，その信頼度を論ずる場合の指針とすることができる。その表現としては標準偏差，平均偏差がある。

(b) 正規分布と検定

偶然誤差に基づいて測定値がランダムに分布すると考えると，ある特定の x をとる相対頻度 y は，

$$y = \frac{1}{\sigma\sqrt{2\pi}} e^{-(x-\mu)^2/2\sigma^2} \qquad (1)$$

のように正規分布（ガウス分布）で表される。ただし，μ は平均値，σ を標準偏差と呼ぶ。この標準偏差は，分布の広がりの目安を与える。測定値が $\mu \pm \sigma$ の範囲内にある確率は 68.3％となる。

しかしながら，(1)式は無限回測定した場合に成り立つ式で，現実には有限回の測定から求めざるを得ないわけである。有限回の測定を行った場合の標準偏差を S とすると，

$$S = \sqrt{\frac{\sum_{i=1}^{i=n} |x_i - \overline{x}|^2}{n-1}} \qquad \overline{x}\text{；平均値，} n\text{；測定回数} \qquad (2)$$

で表される。

このようにある測定において，有限個の測定結果から測定値の分布が求まると（正規分布を仮定する），その S，x をもとにして特定の測定結果の信頼度を議論することが可能になる。すなわち，他の結果と比べて 1 つだけ飛び離れた測定結果が得られたとき，これを信頼できない値だとして捨て去るべきかどうかの判断（検定）が可能になってくる。

このような検定法としてはいくつか知られているが，そのうち簡単な例としてQ検定法をあげておく。

Q検定法のやり方

1. 一連の測定結果の中から最大値と最小値をとりだし，その差を求める。
2. 捨て去るべきか迷っている数値と，最も近い数値を測定結果の中からとりだし，その差を求める。
3. 2で求まった数値を1で求まった数値で割る。これがQ値である。
4. このQ値を表1の排除係数値（Q）と比べて大きかったならば，90 %の信頼度をもって，この数値を捨て去るべきだということになる。

表1 排除係数値（Q）

測定回数	3	4	5	6	7	8	9	10	
$Q_{0.90}$	0.90	0.76	0.64	0.56	0.51	0.47	0.44	0.41	

〔例〕ある水溶液の濃度を4回測定したところ，0.1014 M，0.1012 M，0.1019 M，0.1016 Mの値が得られた。0.1019 Mの値は捨て去るべきか。

1. 最大値－最小値；$0.1019 - 0.1012 = 0.0007$
2. 最近接値との差；$0.1019 - 0.1016 = 0.0003$
3. 2の値÷1の値；$0.0003 \div 0.0007 = 0.43$
4. $Q_{0.90}$と比較すると；$Q_{0.90} = 0.76 > 0.43$

従って，0.1019 Mは捨て去るべきではない。

2 表・グラフの表し方

(1) 表やグラフはなぜ必要か

報告書や論文において読み手に伝えたいことはその実験でどのようなことが言えるかである。しかしその結論や考察を導き出したことについて読み手を納得させるには，実測値や算出した結果を適切に表に示し，結果に結びつく重要なデータは見やすいグラフにして示す必要がある。また，繰り返し同じ計算を行った場合は計算式のみ本文中に示し，その式に入力した値と結果は表にしたり，もっとデータの多い場合はグラフにまとめてプロットする方が合理的である。読み手がその表やグラフを正確に読みとるためには理工系の表やグラフに一般的に用いられる様式に従う必要がある。表やグラフが重要だからと言って計算の途中段階を表に示したり結果と関係のない物理量までグラフにする必要はない。報告書等の図表は自分と同等以上の実験者が読んで追試実験したり，また結果が正しいか判断し説明を理解するために載せるものであるからである。

(2) 表とグラフの一般的な表し方

ここに説明した様式は理系の学術論文で一般的に指定されている書式であるが，学術論文の種類によって異なっている場合もあるので提出先の書式に従うこと。

① 表とグラフにはそれぞれ通し番号をつけ，報告書の本文中で引用するときはその番号を書いて指定できるので本文では引用した図表の標題が省略できる。

表　の　例：　表 1,　Table 1,　Tab.1　など

グラフの例：　図 1,　グラフ 1,　Figure 1,　Fig.1　など

本文中の引用例：標準列溶液の濃度と吸光度の測定結果を Table 1 にまとめ，Fig.1 にプロットした。(プロットとはグラフに測定点などを示すこと)。Fig.1 より銅アンモニア錯イオンの吸光度は同イオンのモル濃度に完全に正比例していることがわかる。

② 表とグラフには表・グラフ番号に続いてわかりやすいタイトルを書く。

③ また，適切な説明文を付け，表・グラフに示す物理・化学量を表す記号は何かや，計算は本文中のどの式で行ったかを説明する（従って本文中の式にも式番号を付けておく必要がある)。

④ 物理・化学量の記号には必ず単位を書いておく（物理量の値の大きさを表す数値とスケールを表す単位の両方で初めてその大きさがわかる)。

⑤ 表の各列の数値や語句は何を示すのかを最上行に示し，数値は有効数字の範囲で書く。

⑥ グラフ作成にはグラフ用紙（方眼紙）を用いるか，正確なグラフ作成ができるパソコンソフトを用いる。作成したグラフはレポートに綴じるか，大きく空欄を作って糊ではりつける。

⑦ グラフの縦軸と横軸に一定間隔で 3 ㎜ 程度の長さの目盛り線を引き，その代表点数ヵ所に数値を付す。

⑧ グラフには縦軸と横軸の物理量を記号で示し，／で区切って単位を書く。

⑨ 物理量の記号は斜体文字（ライトイタリック）とする。

（表の例）

Table 1　塩酸未知試料 10.00 mL に対する 0.0995 M-水酸化ナトリウム溶液の滴定結果。（*V* は NaOH の所要量）

回数	*V*／mL
1	9.87
2	9.93
3	9.91
平均	9.00

（グラフの例）

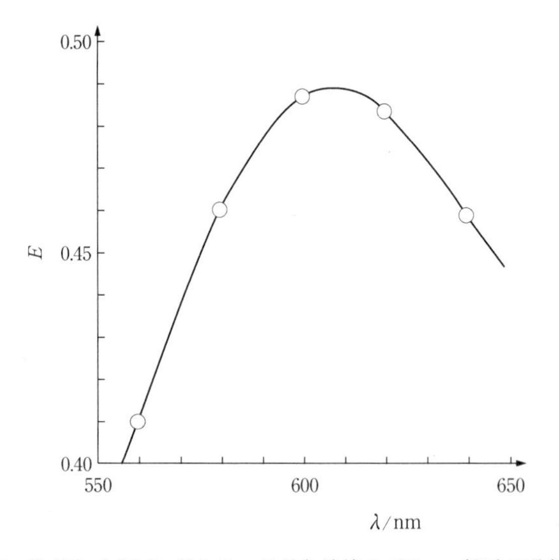

図 1　$CuSO_4$ 0.20 % アンモニア発色溶液の 600 nm 付近の吸収スペクトル
λ：波長，*E*：吸収度

注）グラフのプロットは測定点を中心に 3 ㎜ 程度の径の○，△，□，●，▲，■などのマーク（テンプレートを使うと良い）で表し，直線は最小二乗法で切片と傾きを決めて引く。曲線は自在定規，雲形定規等で引く。

Ⅳ 化学実験の安全知識

(1) 実験に用いる試薬の中には毒物，劇物に指定された薬品もある。

以下それらを列挙するが，どんな薬品を扱う場合にも自分が何を扱っているかを良く認識し，十分注意して扱うことが大切である。

(2) 実験中には必ず白衣を着用のこと。酸・アルカリ等で服に穴を開けることもあるので注意すること。特に強アルカリ性の物質は粘膜，組織をおかすので，酸以上に注意して扱うことが大切である。万一，人体に直接付着したときは，すぐに水で十分洗い落とし，教職員に連絡すること。

(3) エーテル，アルコール等の可燃性物質は極めて引火しやすいので，使用に際しては火から遠ざけておくこと。万一，引火した場合には，あわてずに，直ちに教職員に連絡すること。また，ガラス細工の際にも火傷を負うことが多いので，ガラスが十分冷却するまで直接手をふれないこと。

(4) 実験に使用した原液は，いかなる種類の試薬でも一切流しには放流しないこと。特に重金属イオン，有機溶媒，濃い酸及びアルカリは流してはならない。我が国の大学は国より特定研究機関に指定されており，あらゆる公害源となるような物質は一切流さないことが義務づけられている。従って，使用済の原液はすべてポリエチレン容器に捨て，流しには洗浄液以外は流してはならない。

参考書

日本化学会編，「化学実験の安全指針」，丸善

頼実正弘編，「化学系実験の基礎と心得」，培風館

元素周期表

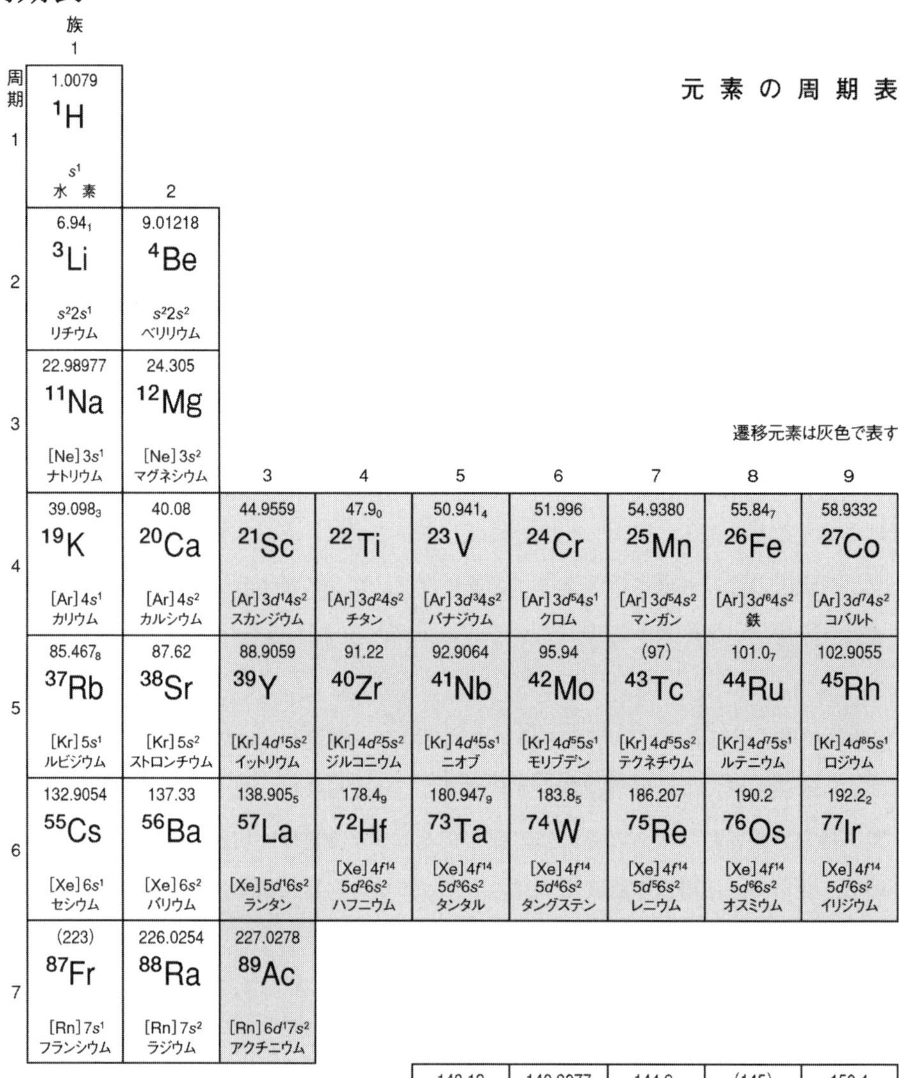

元素の周期表

遷移元素は灰色で表す

周期＼族	1	2	3	4	5	6	7	8	9
1	1.0079 ^{1}H s^{1} 水素								
2	6.94$_{1}$ ^{3}Li $s^{2}2s^{1}$ リチウム	9.01218 ^{4}Be $s^{2}2s^{2}$ ベリリウム							
3	22.98977 ^{11}Na [Ne]$3s^{1}$ ナトリウム	24.305 ^{12}Mg [Ne]$3s^{2}$ マグネシウム							
4	39.098$_{3}$ ^{19}K [Ar]$4s^{1}$ カリウム	40.08 ^{20}Ca [Ar]$4s^{2}$ カルシウム	44.9559 ^{21}Sc [Ar]$3d^{1}4s^{2}$ スカンジウム	47.9$_{0}$ ^{22}Ti [Ar]$3d^{2}4s^{2}$ チタン	50.941$_{4}$ ^{23}V [Ar]$3d^{3}4s^{2}$ バナジウム	51.996 ^{24}Cr [Ar]$3d^{5}4s^{1}$ クロム	54.9380 ^{25}Mn [Ar]$3d^{5}4s^{2}$ マンガン	55.84$_{7}$ ^{26}Fe [Ar]$3d^{6}4s^{2}$ 鉄	58.9332 ^{27}Co [Ar]$3d^{7}4s^{2}$ コバルト
5	85.467$_{8}$ ^{37}Rb [Kr]$5s^{1}$ ルビジウム	87.62 ^{38}Sr [Kr]$5s^{2}$ ストロンチウム	88.9059 ^{39}Y [Kr]$4d^{1}5s^{2}$ イットリウム	91.22 ^{40}Zr [Kr]$4d^{2}5s^{2}$ ジルコニウム	92.9064 ^{41}Nb [Kr]$4d^{4}5s^{1}$ ニオブ	95.94 ^{42}Mo [Kr]$4d^{5}5s^{1}$ モリブデン	(97) ^{43}Tc [Kr]$4d^{5}5s^{2}$ テクネチウム	101.0$_{7}$ ^{44}Ru [Kr]$4d^{7}5s^{1}$ ルテニウム	102.9055 ^{45}Rh [Kr]$4d^{8}5s^{1}$ ロジウム
6	132.9054 ^{55}Cs [Xe]$6s^{1}$ セシウム	137.33 ^{56}Ba [Xe]$6s^{2}$ バリウム	138.905$_{5}$ ^{57}La [Xe]$5d^{1}6s^{2}$ ランタン	178.4$_{9}$ ^{72}Hf [Xe]$4f^{14}$ $5d^{2}6s^{2}$ ハフニウム	180.947$_{9}$ ^{73}Ta [Xe]$4f^{14}$ $5d^{3}6s^{2}$ タンタル	183.8$_{5}$ ^{74}W [Xe]$4f^{14}$ $5d^{4}6s^{2}$ タングステン	186.207 ^{75}Re [Xe]$4f^{14}$ $5d^{5}6s^{2}$ レニウム	190.2 ^{76}Os [Xe]$4f^{14}$ $5d^{6}6s^{2}$ オスミウム	192.2$_{2}$ ^{77}Ir [Xe]$4f^{14}$ $5d^{7}6s^{2}$ イリジウム
7	(223) ^{87}Fr [Rn]$7s^{1}$ フランシウム	226.0254 ^{88}Ra [Rn]$7s^{2}$ ラジウム	227.0278 ^{89}Ac [Rn]$6d^{1}7s^{2}$ アクチニウム						

140.12 ^{58}Ce [Xe]$4f^{2}$ $5d^{0}6s^{2}$ セリウム	140.9077 ^{59}Pr [Xe]$4f^{3}$ $5d^{0}6s^{2}$ プラセオジム	144.2$_{4}$ ^{60}Nd [Xe]$4f^{4}$ $5d^{0}6s^{2}$ ネオジム	(145) ^{61}Pm [Xe]$4f^{5}$ $5d^{0}6s^{2}$ プロメチウム	150.4 ^{62}Sm [Xe]$4f^{6}$ $5d^{0}6s^{2}$ サマリウム
232.0381 ^{90}Th [Rn]$6d^{2}7s^{2}$ トリウム	231.0359 ^{91}Pa [Rn]$5f^{2}6d^{1}$ $7s^{2}$ プロトアクチニウム	238.029 ^{92}U [Rn]$5f^{3}$ $6d^{1}7s^{2}$ ウラン	237.0482 ^{93}Np [Rn]$5f^{5}$ $6d^{0}7s^{2}$ ネプツニウム	(244) ^{94}Pu [Rn]$5f^{6}$ $6d^{0}7s^{2}$ プルトニウム

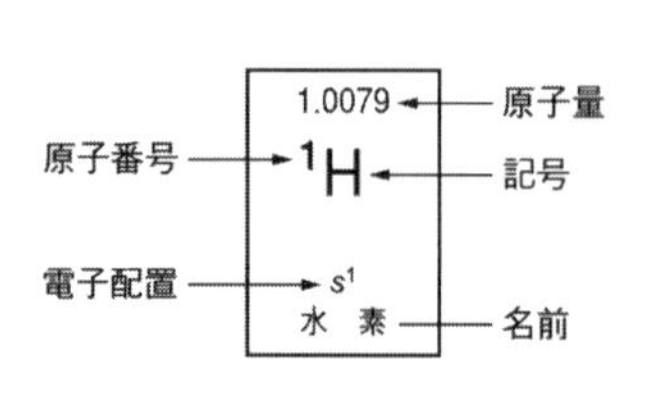

10	11	12	13	14	15	16	17	18
								4.00260 ^{2}He s^2 ヘリウム
			10.81 ^{5}B $s^22s^22p^1$ ホウ素	12.011 ^{6}C $s^22s^22p^2$ 炭　素	14.0067 ^{7}N $s^22s^22p^3$ 窒　素	15.999_4 ^{8}O $s^22s^22p^4$ 酸　素	18.998403 ^{9}F $s^22s^22p^5$ フッ素	20.17_9 ^{10}Ne $s^22s^22p^6$ ネオン
			26.98154 ^{13}Al [Ne] $3s^23p^1$ アルミニウム	28.085_5 ^{14}Si [Ne] $3s^23p^2$ ケイ素	30.97376 ^{15}P [Ne] $3s^23p^3$ リ　ン	32.06 ^{16}S [Ne] $3s^23p^4$ イオウ	35.453 ^{17}Cl [Ne] $3s^23p^5$ 塩　素	39.94_8 ^{18}Ar [Ne] $3s^23p^6$ アルゴン
58.70 ^{28}Ni [Ar] $3d^84s^2$ ニッケル	63.54_6 ^{29}Cu [Ar] $3d^{10}4s^1$ 銅	65.38 ^{30}Zn [Ar] $3d^{10}4s^2$ 亜　鉛	69.72 ^{31}Ga [Ar] $3d^{10}$ $4s^24p^1$ ガリウム	72.5_9 ^{32}Ge [Ar] $3d^{10}$ $4s^24p^2$ ゲルマニウム	74.9216 ^{33}As [Ar] $3d^{10}$ $4s^24p^3$ ヒ　素	78.9_6 ^{34}Se [Ar] $3d^{10}$ $4s^24p^4$ セレン	79.904 ^{35}Br [Ar] $3d^{10}$ $4s^24p^5$ 臭　素	83.80 ^{36}Kr [Ar] $3d^{10}$ $4s^24p^6$ クリプトン
106.4 ^{46}Pd [Kr] $4d^{10}5s^0$ パラジウム	107.868 ^{47}Ag [Kr] $4d^{10}5s^1$ 銀	112.41 ^{48}Cd [Kr] $4d^{10}5s^2$ カドミウム	114.82 ^{49}In [Kr] $4d^{10}$ $5s^25p^1$ インジウム	118.6_9 ^{50}Sn [Kr] $4d^{10}$ $5s^25p^2$ ス　ズ	121.7_5 ^{51}Sb [Kr] $4d^{10}$ $5s^25p^3$ アンチモン	127.6_0 ^{52}Te [Kr] $4d^{10}$ $5s^25p^4$ テルル	126.9045 ^{53}I [Kr] $4d^{10}$ $5s^25p^5$ ヨウ素	131.30 ^{54}Xe [Kr] $4d^{10}$ $5s^25p^6$ キセノン
195.0_9 ^{78}Pt [Xe] $4f^{14}$ $5d^{10}6s^0$ 白　金	196.9665 ^{79}Au [Xe] $4f^{14}$ $5d^{10}6s^1$ 金	200.5_9 ^{80}Hg [Xe] $4f^{14}$ $5d^{10}6s^2$ 水　銀	204.3_7 ^{81}Tl [Xe] $4f^{14}$ $5d^{10}6s^26p^1$ タリウム	207.2 ^{82}Pb [Xe] $4f^{14}$ $5d^{10}6s^26p^2$ 鉛	208.9804 ^{83}Bi [Xe] $4f^{14}$ $5d^{10}6s^26p^3$ ビスマス	(209) ^{84}Po [Xe] $4f^{14}$ $5d^{10}6s^26p^4$ ポロニウム	(210) ^{85}At [Xe] $4f^{14}$ $5d^{10}6s^26p^5$ アスタチン	(222) ^{86}Rn [Xe] $4f^{14}$ $5d^{10}6s^26p^6$ ラドン

151.96 ^{63}Eu [Xe] $4f^7$ $5d^06s^2$ ユーロピウム	157.2_5 ^{64}Gd [Xe] $4f^7$ $5d^16s^2$ ガドリニウム	158.9254 ^{65}Tb [Xe] $4f^9$ $5d^06s^2$ テルビウム	162.5_0 ^{66}Dy [Xe] $4f^{10}$ $5d^06s^2$ ジスプロシウム	164.9304 ^{67}Ho [Xe] $4f^{11}$ $5d^06s^2$ ホルミウム	167.2_6 ^{68}Er [Xe] $4f^{12}$ $5d^06s^2$ エルビウム	168.9342 ^{69}Tm [Xe] $4f^{13}$ $5d^06s^2$ ツリウム	173.0_4 ^{70}Yb [Xe] $4f^{14}$ $5d^06s^2$ イッテルビウム	174.97 ^{71}Lu [Xe] $4f^{14}$ $5d^16s^2$ ルテチウム
(243) ^{95}Am [Rn] $5f^7$ $6d^07s^2$ アメリシウム	(247) ^{96}Cm [Rn] $5f^7$ $6d^17s^2$ キュリウム	(247) ^{97}Bk [Rn] $5f^7$ $6d^27s^2$ バークリウム	(251) ^{98}Cf [Rn] $5f^9$ $6d^17s^2$ カリホルニウム	(254) ^{99}Es アイン スタイニウム	(257) ^{100}Fm フェルミウム	(258) ^{101}Md メンデレビウム	(259) ^{102}No ノーベリウム	(260) ^{103}Lr ローレンシウム

著　者

東京電機大学 理工学部 化学実験室

小川 英生
木村 二三夫
足立 直也
小曽根 崇

一般化学実験 2024

2024年3月20日 第1版 第1刷 印刷
2024年3月30日 第1版 第1刷 発行

編　著 東京電機大学 理工学部 化学実験室
発行者 発田和子
発行所 株式会社 学術図書出版社
〒113−0033 東京都文京区本郷5丁目4−6
TEL 03−3811−0889 振替 00110−4−28454
印刷 三和印刷（株）

定価は表紙に表示してあります．

ISBN978-4-7806-1264-6 C3043

即日課題

練 習 実 験

班番号：　　　　学籍番号：　　　　　　　　氏名：

共同実験者学籍番号：　　　　　　　　氏名：

1. 脱イオン水 1 滴の容量

（　　　　）mL

2. 各測容器（10 mL）で量りとった脱イオン水の容量

	測定値		
駒込ピペット	（　　　　）g	⟶	（　　　　）mL
メスピペット	（　　　　）g	⟶	（　　　　）mL
ホールピペット	（　　　　）g	⟶	（　　　　）mL

3. 秤量したシュウ酸の質量

（　　　　）g，秤量ビンの番号（　　　　）

※調製したシュウ酸水溶液は「中和滴定」の標準溶液として使用するので，モル濃度を求めておくこと。

即日課題

中 和 滴 定

班番号：　　　　学籍番号：　　　　　　　　氏名：

共同実験者学籍番号：　　　　　　　　氏名：

1. 秤量したシュウ酸の質量（練習実験のノートを参照）

（　　　　　）g

2. シュウ酸溶液の正確な濃度を求めなさい。

3. シュウ酸溶液の濃度を一次標準にして，0.1 M 水酸化ナトリウム溶液の濃度を求めなさい(滴定結果を平均して求めよ)。3 回の滴定値も書くこと。

4. 0.1 M 水酸化ナトリウム溶液を二次標準にして，未知試料の濃度を求めなさい。3 回の滴定値も書くこと。

即日課題

アセトアニリドの合成

班番号：　　　　学籍番号：　　　　　　　　　　氏名：

共同実験者学籍番号：　　　　　　　　　　氏名：

1. 得られたアセトアニリドの収量

（　　　　　　）g

2. アセトアニリドの収量の理論値を求めなさい。

（物質量〔mol〕で考えて少ないほうの出発物質がすべてアセトアニリドになったとする。）

〈参考〉

密度　アニリン：1.02 g/mL

無水酢酸：1.09 g/mL

反応式　$C_6H_5NH_2 + CH_3COOCOCH_3 \rightarrow C_6H_5NHCOCH_3 + CH_3COOH$

アセトアニリドの収量の理論値：（　　　　　）g

3. 収率を答えなさい。

$$収率 = \frac{収量}{理論値} \times 100 = \frac{(\qquad\qquad)}{(\qquad\qquad)} \times 100 = (\qquad\qquad)\%$$

即日課題

酢酸エチルの合成

班番号：　　　　学籍番号：　　　　　　　　氏名：

共同実験者学籍番号：　　　　　　　　氏名：

1．量りとった塩化ナトリウムの質量　（　　　　　）g

2．量りとった炭酸ナトリウムの質量　（　　　　　）g

3．収率 100 ％（物質量〔mol〕で考えて少ないほうの出発物質がすべて酢酸エチルになった）として，酢酸エチルの収量の理論値を求めなさい。

〈参考〉

密度　エタノール：0.790 g/mL

　　　酢酸　　　：1.049 g/mL

反応式　$CH_3COOH + C_2H_5OH \rightarrow CH_3COOC_2H_5 + H_2O$

酢酸エチルの収量の理論値：（　　　　　　　）g

4．中間収率　（　　　　　）％

即日課題

融点測定と蒸留

班番号：　　　　学籍番号：　　　　　　　　氏名：

共同実験者学籍番号：　　　　　　　　氏名：

1.合成したアセトアニリドの融点

（　　　　　）－（　　　　　）℃

2. 合成した酢酸エチルの収量と収率

収量（　　　　　）mL　　（　　　　　）g

収率（　　　　　）%

そのときの沸点（酢酸エチル：蒸留・採取中の温度）

（　　　　　）－（　　　　　）℃

即日課題

ペーパークロマトグラフィ

班番号：　　　　学籍番号：　　　　　　　氏名：

共同実験者学籍番号：　　　　　　　氏名：

1.展開温度（　　　　　）℃

2. 展開後の試料の発色の様子を図示しなさい。

	金属イオン	a	h	R_f	展開中の発色の様子
標準溶液					
混合溶液					

・未知試料に含まれていた金属イオンを答えなさい。

即日課題

銅の比色定量

班番号：　　　　学籍番号：　　　　　　　　氏名：

共同実験者学籍番号：　　　　　　　　氏名：

1. 秤量した試薬硫酸銅の質量　　　（　　　　　　）g

2. 波長 600 nm における 0.20 %溶液の吸光度を答えなさい。

3. 未知試料の試料番号，波長 600 nm における吸光度，試料の濃度を答えなさい。

4. 本実験で使う容器の内部が脱イオン水で濡れているとき，共洗いをして使うべき器具を下記の中から選び，丸で囲みなさい。

100 mL メスフラスコ

10 mL メスピペット

50 mL 三角フラスコ

比色管

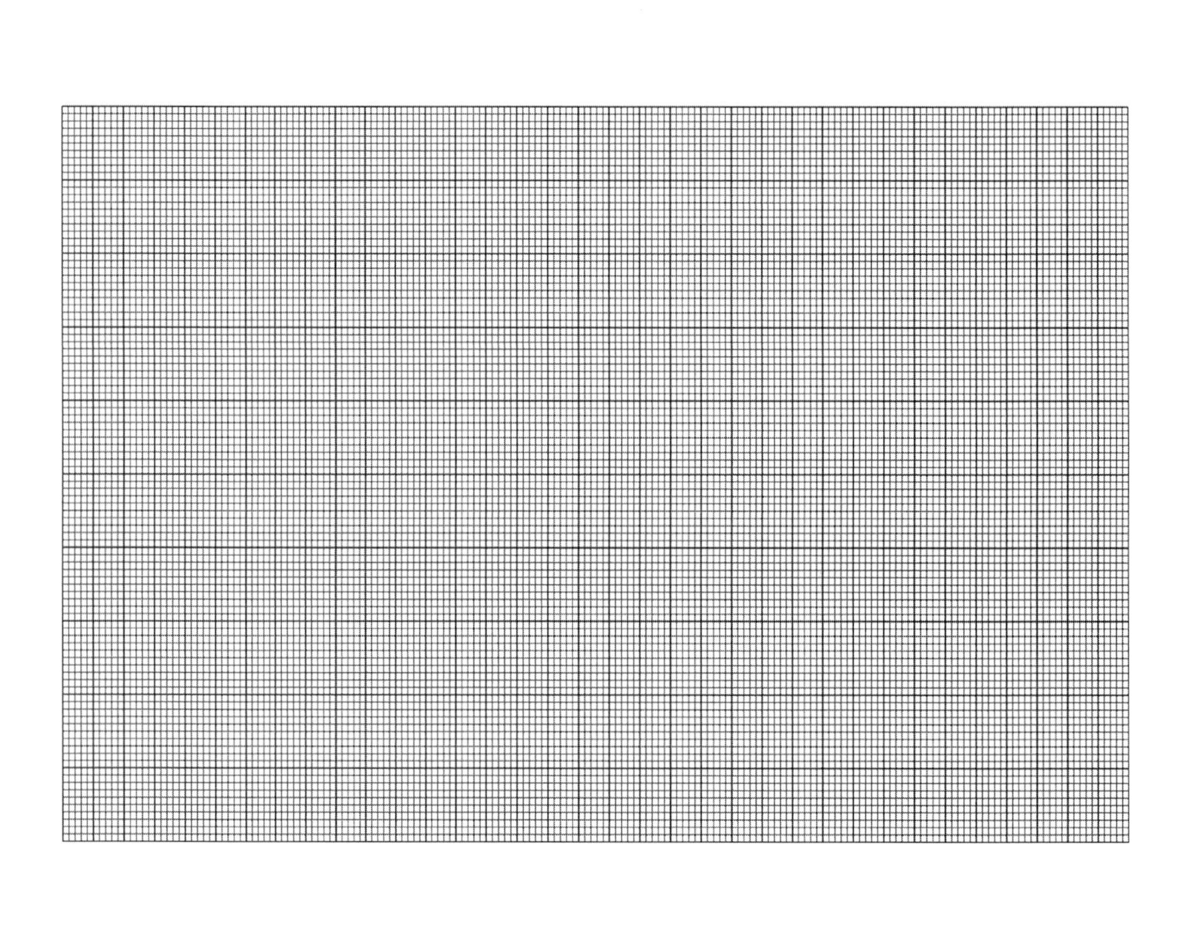

即日課題

陽イオンの定性分析

班番号：　　　　学籍番号：　　　　　　　　氏名：

共同実験者学籍番号：　　　　　　　　氏名：

＊受け取った未知試料の番号（　　　　）

1. 検出したイオンを答えなさい。

2. 上記で検出したと判断に至った理由をそれぞれ答えなさい。